地铁地下停车场防火设计研究

高 兴　那艳玲　万江超　主编

中国铁道出版社有限公司

2024年·北京

内 容 简 介

本书以深圳城市轨道交通 14 号线福新地下停车场为具体工程案例，研究地下场段的消防疏散及排烟设计。通过设计解决福新地下场段消防合规与对地上空间影响之间矛盾，最大限度减少地下场段对地上土地空间的使用影响，可以做到真正释放土地的地上空间价值，为大城市土地地上、地下分层综合使用提供切实可行的工程范例。全书共分为四部分，分别为地铁地下停车场防火设计概况、地铁地下停车场防火设计案例分析、地铁地下停车场消防设计实践、总结与展望。

本书可供城市轨道交通规划设计技术和管理人员参考。

图书在版编目（CIP）数据

地铁地下停车场防火设计研究／高兴，那艳玲，万江超主编. -- 北京：中国铁道出版社有限公司，2024.11. -- ISBN 978-7-113-31737-9

Ⅰ.TU921

中国国家版本馆 CIP 数据核字第 2024P3P023 号

书　　名	地铁地下停车场防火设计研究
作　　者	高　兴　那艳玲　万江超　主编

责任编辑：	李曦琳	编辑部电话：	（010）51892548
装帧设计：	崔丽芳		
责任校对：	刘　畅		
责任印制：	高春晓		

出版发行：中国铁道出版社有限公司（100054，北京市西城区右安门西街 8 号）
网　　址：https://www.tdpress.com
印　　刷：北京盛通印刷股份有限公司
版　　次：2024 年 11 月第 1 版　2024 年 11 月第 1 次印刷
开　　本：787 mm×1 092 mm　1/16　印张：6.25　字数：107 千
书　　号：ISBN 978-7-113-31737-9
定　　价：80.00 元

版权所有　侵权必究

凡购买铁道版图书，如有印制质量问题，请与本社读者服务部联系调换。电话：（010）51873174
打击盗版举报电话：（010）63549461

编委会

主　　编：高　兴　那艳玲　万江超
副主编：孙　明　张春雷　王　亮　田玙豪
　　　　贾　萌　李润瑶
编　　委：王明昇　肖云琳　黄益良　杨伟帅
　　　　杨　洋　吴淳子　张立冉　陈时洋
　　　　崔　淦　王新艳　苏琛浩　李和勇
　　　　杜　昊　王全伟　翟　鹏　王民治
　　　　于　海　罗小雨　达庆欣　罗伟钊
　　　　许　磊　邢家勇　陈　鹏　李晓冕
　　　　马　龙　郭凯峰　类成悦　张建华
指导专家：李爱东　郭现钊　曾国保

前 言

地铁地下停车场的防火设计超出了现行国家与行业标准的涵盖范围，需要进行专项论证。深圳市城市轨道交通14号线福新停车场是中国铁路设计集团有限公司（以下简称中国铁设）主持设计的第一个地铁地下停车场工程，并不是国内首例，有类似案例可以借鉴，借力专业研究机构，再加上中国铁设几十年的轨道交通建设经验，顺利推进不成问题。但参与该项工程的工程师们体现出了超乎寻常的严谨态度，拒绝墨守成规，也敢于质疑专业机构出具的专项报告。从相关标准梳理，再到同类案例调研，将其中的差异与争议一一列出，增加场景模拟，深入分析与思考，得出最终结论。本书详细记录了这一过程。

通过介绍回顾地铁停车场的发展历程，对防火设计现状进行调研，明确了进行此项研究与思考的意义。本书以深圳市城市轨道交通14号线福新停车场设计实践为平台，针对消防疏散与排烟进行了重点研究，系统总结了相关的消防设计经验，归纳了较为全面的地铁地下停车场的防火设计要点，可以为后续的工程以及行业标准修订提供借鉴。

本书依托中国铁设的课题《轨道交通地下停车场消防疏散及排烟研究》（2021CJ0205）编著，纳入了课题研究成果。编写过程中参考了大量文件与技术资料，均在参考文献中列出，在此向这些文献的作者和资料提供者表示深深的谢意。

新技术在不断发展，地下停车场防火设计方案的合理性依然处于不断提升之中。受编者水平与经验所限，书中难免存在不足与疏漏，相关观点也可能会成为新的争议点，希望各位同仁批评指正，共同探讨。

编　者

2024 年 10 月

目 录

① 地铁地下停车场防火设计概况 ········· 1
1.1 绪 论 ········· 1
1.2 地铁停车场的建设发展历程 ········· 2
1.3 地铁停车场防火设计现状 ········· 3

② 地铁地下停车场防火设计案例分析 ········· 5
2.1 地铁地下停车场案例调研 ········· 5
2.2 典型案例消防设计要点 ········· 8
2.3 典型案例消防设计对比分析及存在问题 ········· 13

③ 地铁地下停车场消防设计实践 ········· 16
3.1 工程概况 ········· 16
3.2 消防设计方案 ········· 20
3.3 工程建设与实施 ········· 53

④ 总结与展望 ········· 77
4.1 总 结 ········· 77
4.2 展 望 ········· 86

参考文献 ········· 89

1 地铁地下停车场防火设计概况

1.1 绪论

作为大运量的城市公共交通形式，地铁是城市轨道交通的主要骨架。1965 年，我国第一条地铁在北京开工建设，并于 1971 年投入运营，但这是一条以战备为主、兼顾交通的地铁线路。第一条真正以交通为目的的地铁线路是 1994 年建成通车的上海轨道交通 1 号线。2000 年以后，地铁建设进入快速发展阶段，技术不断提升，伴随着国家城镇化进程加快，国家扩大内需的宏观政策以及行业管理制度趋于规范与稳定，城市轨道交通（地铁）大幅发展[1]。截至 2023 年 12 月 31 日，我国累计有 59 个城市投运城轨交通线路 338 条，总长度 11 232.65 km。其中上海、北京、成都、广州、深圳、武汉、重庆、杭州等 8 座城市轨道交通运营里程超 500 km，且均已形成网络化运营状态[2]。

车辆基地是地铁重要的组成部分，按功能分为车辆段与停车场。停车场承担停放配属、运用管理、整备保养、检查车辆的工作，车辆段兼有停车场的功能并承担定修或架修等检修任务。地铁停车场配备停放车辆的股道和一般维修整备设备。每条地铁线路一般至少需要 1 个车辆段、1 个停车场，对于超长线路，会增设停车场[3]。

车辆基地占地面积较大，在线网规划阶段，即需要开展选址工作、规划用地范围以确保工程的可行性。车辆基地选址需要避开工程地质和水文地质不良地段，保证列车进出正线安全、可靠、便捷，既要方便与城市道路的连接，同时还要避开住宅、商业、文化区等对环境质量要求较高的区域[4]。地铁线路大部分会穿越用地紧张的城市中心地带，车辆段尤其是停车场往往难以避开城市建设区或者建成区，大面积占地敷设的轨道不仅带来噪声震动的问题，还割裂地上空间，影响城市布局。这一矛盾直接影响了车辆基地的建设发展方向。对车辆基地整体上盖并对盖上空间进行综合开发已是各大城市为集约利用土地而较为普遍采用的应对方案，部分环境要求特殊或者商业价值极高的区域开始采用将车辆基地整体设置于地下的形式。地下车辆基地带来了更多技术上的挑战与突破，尤其是防火设计，目前仍然处于探索与研究阶段。

1.2 地铁停车场的建设发展历程

地铁停车场的建设发展变化与用地选址、车场轨道敷设方式密切相关。

地铁通常将车辆基地中规模更大的车辆段布置在城市外围，而将规模相对较小的停车场布置在中心城区。但一个停车场占地面积也达到了几公顷甚至十几公顷。对于用地日益紧张且土地价值较高的城市中心区，选址依然比较困难。即便是处于待建区域，考虑到城市远期拓展的需求，大面积占地敷设轨道与城市发展的矛盾也依然突出。为优化城市布局，天津地铁 1 号线双林车辆段在开通 10 年后进行了整体搬迁，段前的地面车站也改迁至地下。

车辆基地的建设必须纳入城市规划中统筹考虑是行业共识。

早在 2015 年召开的中央城市工作会议上就提出，要控制城市开发强度，科学划定城市开发边界，推动城市发展由外延扩张式向内涵提升式转变。

2020 年 12 月 30 日，住房和城乡建设部（以下简称住建部）发布《关于加强城市地下市政基础设施建设的指导意见》，地下空间规划成重点内容。国际地质学界认为："19 世纪是桥的世纪，20 世纪是高层建筑的世纪，21 世纪则是开发利用地下空间的世纪。[5]"

2021 年 11 月 19 日，深圳市规划和自然资源局发布了《深圳市地下空间资源利用规划（2020—2035 年）（草案）》，草案指出，城市地下空间是重要的国土空间资源，是支撑城市绿色、低碳、健康发展的重要载体，也是城市发展的战略性空间。保护和科学利用城市地下空间是优化城市空间结构、完善城市空间功能、提升城市综合承载力的重要途径。除深圳以外，2020 年 2 月 10 日，成都市人民政府办公厅发布了《关于进一步鼓励开发利用城市地下空间的实施意见（试行）》。此外，《杭州市地下空间开发利用专项规划（2020—2035）》也正在编制中。

从国家层面的宏观规划以及部委、地方的相关文件可以看出，"十四五"以后，城市发展将由外延扩张式向内涵提升式转变，既有城市开发边界内的土地综合利用将成为规划重点。在土地的综合开发利用中，地下空间开发将是其中很重要的一项措施。

随着城市用地空间的紧张及城市发展策略的转变，作为土地使用空间大户的地铁车辆基地，车场轨道敷设方式必定会与用地选址同时成为讨论焦点。特大城市及大城市地铁场段地下敷设将成为接下来一个时期内的建设发展趋势。

深圳先后建成了 3 号线中心公园停车场、9 号线笔架山停车场一期和二期、10 号线益田地下双层停车场，还有在建中的 13 号线内湖停车场、设计中的 22 号线香蜜停车场。

厦门先后建成了 3 号线五缘湾停车场和 2 号线高林停车场。

成都建成并投入使用了目前国内最大的地下双层停车场——崔家店停车场。

此外，石家庄、青岛等地也有地铁地下停车场实施的案例。

1.3　地铁停车场防火设计现状

车辆基地防火设计主要依据规范为《地铁设计防火标准》（GB 51298—2018）。《地铁设计防火标准》（GB 51298—2018）以提高火灾时乘客的生还率和最大限度减少财产损失为目标，着重规范的是地下车站、地下区间的防火设计[6]。其他场所相关规定的系统性与完整性均需要工业与民用建筑通用的防火专项规范辅助。

《建筑设计防火规范》（GB 50016—2014）是独立设置的地上车辆基地防火设计的重要依据[7]。

当车辆基地用地范围内进行整体开发时，建筑面积十几万至几十万平方米，集道路、厂房、仓库、办公、食宿于一体的基地整体置于无论是板下还是地下，都超出现行建筑设计相关防火规范适用的范畴。

地下（板下）工程防排烟条件差，安全疏散与救援是设计的难点与重点。地铁停车场设计为地下，一定是基于特殊的土地利用需要，再考虑停车场的使用功能与运营管理要求，直达地面的疏散及救援口的设计标准，难以满足现行《建筑设计防火规范》（GB 50016—2014）的要求。

《地铁设计防火标准》（GB 51298—2018）中针对上盖或者地下车辆基地的规定只有 7 条，分别是：

1. 第 3.3.4 条：地下车辆基地消防车道与救援口的设置要求、地下消防车道与其他功能空间的防火分隔要求。

2. 第 4.1.7 条：车辆基地与上部功能场所之间的楼板以及基地内建筑承重构件的耐火极限要求。

3. 第 4.5.4 条：地下各停车库、检修库的防火分区划分要求。

4. 第5.5.3条：地下车辆基地各停车库、检修库内安全出口的设置要求。

5. 第5.5.4条：地下车辆基地各停车库、检修库至安全出口的疏散距离要求。

6. 第5.5.5条：车辆基地与上部功能场所独立设置安全出口的要求。

7. 第8.2.7条：地下车辆基地排烟系统设置范围。

借助于条文解释，还可以明确，《地铁设计防火标准》（GB 51298—2018）将消防车道视为盖下或者地下人员疏散的安全区。但是标准里没有对如何保障消防车道安全的特殊设计做出明确规定，对于地下车辆基地防排烟设计也无具体要求，工程建设中，消防疏散与排烟一直是上盖或者地下车辆基地防火设计争议的焦点。

随着上盖车辆基地项目的不断实施，在总结各项目消防专项论证与工程实践的基础上，北京、上海率先出台了有关车辆基地上盖综合利用的系统性较强的专项防火设计标准。不仅指导本区域的项目建设，也是其他区域同类工程的重要参考，但是同项目建设中出现争议一样，两个地方标准的防火措施同样存在较大差异。地下车辆基地的防火设计更为复杂，即便后续成都、西安、江苏、广东地区相继实施的地方标准也明确了部分防火设计要求，一般仍需要进行防火专项论证与审查，相关争议也没有消除。

例如，将盖下或地下消防车道设计为准安全区，是行业内通行且已纳入所有地方标准的做法，消防车道顶部或侧面开敞面积不小于消防车道使用面积的25%，各功能区用房内的人员疏散至消防车道即可认为满足要求。该做法依然被质疑。因为消防车道区域并不是独立分隔区，其与咽喉区及其他建筑单体外的空间互通，但自然通风的开口面积却只考虑消防车道的使用面积（大面积开洞影响板上空间），其他区域并不设置排烟设施，虽然开口比例相同，但是消防车道的安全性明显不能等同于下沉广场。要确保安全性，势必应该对与其相通的其他空间提出明确的设计与运营管理要求。

本书旨在通过项目实践，结合案例调研与分析，对地铁地下停车场防火设计中的重点与难点（疏散与排烟设计）进行全面、系统的研究，总结相关经验、归纳设计要点供同类项目参考。

2 地铁地下停车场防火设计案例分析

2.1 地铁地下停车场案例调研

国外地下场段多为根据具体项目现状情况进行特殊设计,未找到相关系统性的研究和统一做法,在消防设计方面也未形成明确的规范规章。

比利时公共交通运营商(STIB)地铁地下停车场占地面积 3.4 万 m^2,总长超过 700 m,可停放和检修 23 列位地铁列车,为 7 列位列车提供服务的必要维护检修设施,包括检修坑、千斤顶安装设施、人行过道、洗车库。办公用房和培训中心设置在地上[8]。比利时公共交通运营商停车场如图 2-1 所示。

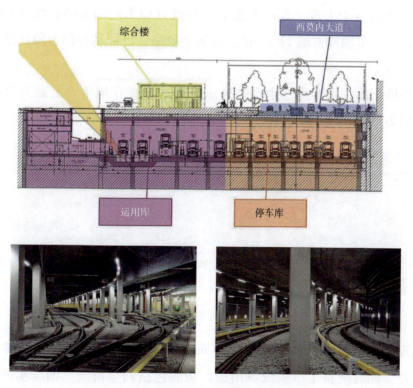

图 2-1 比利时公共交通运营商停车场

瑞典斯德哥尔摩诺斯伯地铁车辆段大部分停车库设置在岩洞中。

诺斯伯地下基地长 450 m，宽 72 m（共分为三个小型岩洞），为 17 列位地铁车辆提供停车检查、列车清洗和配套服务功能，可容纳办公人员共 100 名。每个岩洞中可停放 8 列位列车，综合服务用房包括 5 个维修车间和 1 个涂鸦清除大厅以及若干员工休息办公区域[9]。瑞典斯德哥尔摩诺斯伯停车场如图 2-2 所示。

图 2-2　瑞典斯德哥尔摩诺斯伯停车场

2016 年改造完成的新加坡金泉车辆段，是新加坡最先进的地下自动化仓库系统。

金泉车辆段位于大成，是一个服务于环线（CCL）和市中心线（DTL）的地下地铁车辆段。车辆段占地 11 万 m^2，毗邻金泉路、巴耶利峇路上段、巴特利东路和后港第三道。

车辆段停车库、洗车库、生产办公用房等均设置在地下，上盖为公交巴士停车楼，如图 2-3 所示。

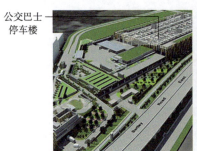

图 2-3　新加坡金泉车辆段

车辆段长 800 m，宽 160 m，埋深 23 m，标高为 -18 m ~ 22 m，可供 70 辆列车停放和维修。同时配备了所需设备用房，功能包括列车清洗、油漆车间、机车车间、货物升降机和自动存取系统等[10]。

日本某地下地铁停车场将 2~3 条停车线设为一个分隔区域，直接利用结构墙分隔，并在结构墙上开出一定数量的孔洞，供疏散、运营使用，整个停车场为一个防火分区，如图 2-4 所示。

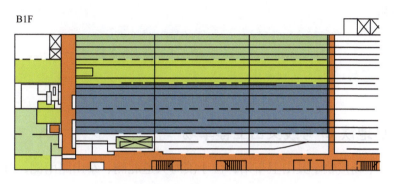

图 2-4　日本某地下停车场平面示意图

日本地铁采用这种分隔模式主要有如下考虑：停车场的主要功能是停车，配置少量的工作人员，引起火灾的火源点较少，如果某个分隔区域内任一处着火，火灾能够控制在分隔区域内，不会造成蔓延态势，灭火系统启动后也能够消灭火灾[11]。

国内近些年结合城市建设、风貌景观以及功能片区规划等要求，地下场段的设计实践明显增多，已开通运营（在建）多个地下场段。概况信息见表 2-1。

表 2-1　国内部分地下场段概况信息

名称	开通时间	规模	地下功能	上盖
青岛灵山卫停车场[12]	2018	占地约 7.16 万 m²	停车列检库、洗车库、牵引变电所、地下非工艺区（咽喉区）	地铁办公综合楼
深圳笔架山停车场[13]	2019	建筑面积为 3.717 5 万 m²	停车列检库	公园
厦门五缘湾停车场[14]	2021	占地面积约 7.5 万 m²	停车列检库、洗车库、附属用房、月检临修库	办公、生活用房
深圳内湖停车场[15]	预计 2024 年底	9.773 2 万 m²	运用库、综合楼、维修楼、物资仓库等	公园
杭州四堡停车场[16]	预计 2027 年底	7.025 万 m²	停车场及地铁工班用房	综合楼、门卫、材料库房

在消防设计方面，因设计阶段无系统性的标准可依，各项目均进行了专项设计与评审，经过反复的沟通、论证，基本都可以通过消防审查与验收，顺利运营。

由于国内外设计背景与理念存在较大差异，本次仅对国内的青岛地铁 13 号线灵山卫停车场、深圳地铁 9 号线笔架山停车场、厦门地铁 3 号线五缘湾停车场、深圳地铁 13 号线内湖停车场、杭州地铁 9 号线四堡停车场作为典型案例对消防设计进行简要分析。

2.2 典型案例消防设计要点

2.2.1 青岛地铁 13 号线灵山卫停车场

灵山卫停车场接轨于灵山卫车站，位于滨海大道北侧、泰山路南侧，卧龙河西岸的三角地块，占地约 7.16 万 m^2（其中地下部分 4.74 万 m^2，地上部分 2.42 万 m^2）。

受出入线条件（出入线最大纵坡为 34‰，场坪标高只能到 8.6 m，现状标高约为 6 m～22 m，东高西低，地势起伏较大）及城市规划的限制，灵山卫停车场设计为全地下地铁停车场。

地下包括停车列检库、洗车库、牵引变电所、地下非工艺区（咽喉区）四部分。地铁办公综合楼设于地上。

停车场设置地下消防车道并将地下消防车道作为疏散准安全区；消防车道顶板局部开孔，开孔面积比例按不小于 25% 控制；运用库四周消防车道上安全出口间距不大于 120 m；运用库等功能空间与其他区域之间以防火墙分隔；消防车道与咽喉区之间未设置防火分隔措施；列车进出库的门洞未设置防火分隔措施。

灵山卫停车场地面层自然排烟口与盖上建筑关系如图 2-5 所示。

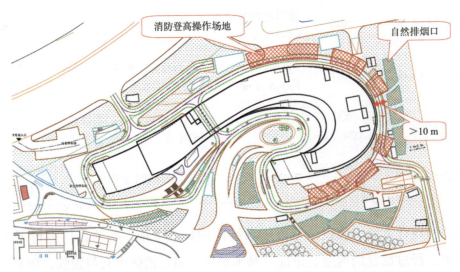

图 2-5 灵山卫停车场地面层自然排烟口与盖上建筑关系示意图

2.2.2 深圳地铁 9 号线笔架山停车场

深圳地铁 9 号线一期工程笔架山停车场设置于公园用地内，设计为地下一层停车场，地面需恢复为公园。停车场建筑面积为 37 175 m²，地下停车 19 列。笔架山停车场平面图如图 2-6 所示。

图 2-6　笔架山停车场平面图

该工程在地下停车列检库周边设置环形消防车道，火灾时停车列检库内人员疏散至消防车道即认为安全；地下消防车道顶部开口，开口面积占消防车道地面面积的 30%，开孔间距按不大于 60 m 布置；消防车道仅在设备管理区域设置 2 个直通室外的安全出口；运用库等功能空间与其他区域之间以防火墙分隔；列车进出库的门洞采用防火水幕与消防车道分隔；消防车道与咽喉区之间未设置防火分隔措施。

地下消防车道周围有少量可燃物，其中停放有 10 辆左右小汽车，消防车道一侧人行道有空调多联机室外机，岗亭以及拖布等清洁用具，如图 2-7 所示。

图 2-7　笔架山停车场消防车道使用情况

2.2.3 厦门地铁 3 号线五缘湾停车场

五缘湾停车场为厦门市轨道交通 3 号线辅助停车场，承担 3 号线部分配属车辆的周月检、列检、停放、运用、整备等工作，停车场内设置临修线一股道，承担全线临修任务。地块呈梯形，南北长 450 m，东西宽 160 m，占地面积约 7.5 万 m²。五缘湾停车场地下平面图如图 2-8 所示。

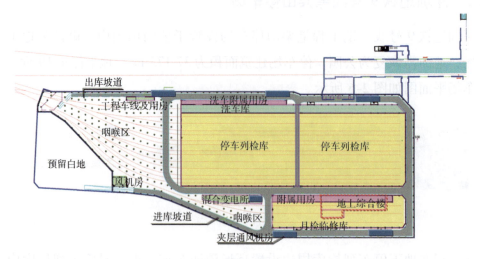

图 2-8　五缘湾停车场地下平面图

停车场维修、检修区设于地下，地下运用库库包含停车列检库、洗车库、附属用房、月检临修库等功能。办公、生活用房集中设置于地上，地上预留为开发用地。五缘湾停车场上盖平面图如图 2-9 所示。

图 2-9　五缘湾停车场上盖平面图

停车场设置地下消防车道并将地下消防车道作为疏散准安全区；地下运用库周边设置 4 m 宽消防车道，消防车道距建筑物外墙间距均不小于 5 m；地下消防车道顶部开洞，开洞面积不小于机动车道面积的 25%；消防车道上安全出口间距不大于 120 m；运用库等功能空间与其他区域之间以防火墙分隔；消防车道与咽喉区之间未设置防火分隔措施；列车进出库的门洞未设置防火分隔措施。

2.2.4 深圳地铁 13 号线内湖停车场

深圳地铁 13 号线内湖停车场位于公园用地内，为全地下停车场，地面需恢复为公园。在调研期间，该工程尚未开通。

停车场可停车 10 列，停车、维修的运用库、物资总库、变电所、泵房以及配套的综合楼等均设置于地下，建筑面积为 97 732 m²。内湖停车场地下一层平面图如图 2-10 所示，地面层平面图如图 2-11 所示。

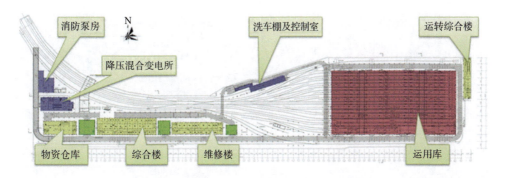

图 2-10　内湖停车场地下一层平面图

停车场设置地下消防车道并将地下消防车道作为疏散准安全区；地下运用库周边设置环形消防车道，消防车道仅作为车辆及人员通行，不兼做其他用途。消防车道设计思路基本同笔架山停车场，但开孔情况、水幕设置情况略有不同。

图 2-11　内湖停车场地面层平面图

各区域消防车道顶部开孔比例不同，运用库、综合楼、维修楼四周消防车道开孔较密，可达 40%，其余区域较稀疏，最小的区域只有 5%；运用库四周消防车道上安全出口间距不大于 120 m；运用库等功能空间与其他区域之间以防火墙分隔；消防车道与咽喉区之间未设置防火分隔措施；列车进出库的门洞以水幕进行分隔。

2.2.5　杭州地铁 9 号线四堡停车场

杭州地铁 9 号线一期工程四堡停车场用地面积 7.025 万 m^2，总建筑面积 88 184.42 m^2，其中地下 70 857.61 m^2。该工程预计 2027 年开通。四堡停车场地面层平面图如图 2-12 所示，地下层平面图如图 2-13 所示。

图 2-12　四堡停车场地面层平面图

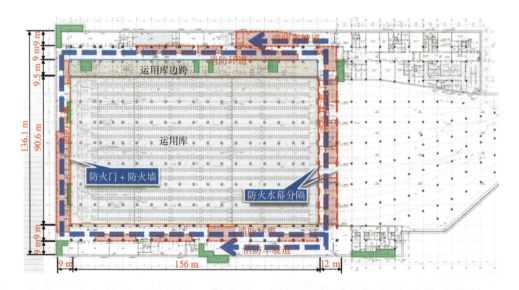

图 2-13　四堡停车场地下层平面图

停车场停车、列检、维修及地铁工班用房设于地下，地上仅保留综合楼、门卫、材料库房等。

停车场设置地下消防车道并将地下消防车道作为疏散准安全区；地下运用库周边设置环形消防车道；地下消防车道顶板局部开孔，开孔比例按不小于25%控制；消防车道上安全出口间距不大于120 m；运用库等功能空间与其他区域之间以防火墙分隔；在库前平交道处设置两道水幕，分别分隔大库与消防车道、咽喉区与消防车道。

2.3 典型案例消防设计对比分析及存在问题

2.3.1 消防设计要点对比分析

在前文中通过对场段发展历程、既有场段设计以及相关规范解析可以看出，地下停车场的消防设计难点在于如何保障地下/盖下人员的安全疏散。近些年的设计实践中，设置地下消防车道（此项为国标要求）并将"消防车道作为安全疏散路径"已基本成为共识，但是确保"疏散路径"安全性的设计要素、设计标准存在差异。调研案例的设计情况对比见表2-2。

表 2-2　典型案例消防设计对比

案例名称	防火分隔措施	安全出口	消防车道防排烟	消防车道顶部开孔情况	疏散
青岛地铁13号线灵山卫停车场	地下各单体围护墙为防火墙；列车出入处未设置水幕	运用库四周消防车道上安全出口间距不大于120 m，其余区域不满足此标准	推荐自然通风	开孔率25%　受盖上方案影响，开孔间距及尺寸不规律	建筑单体借用消防车道进行疏散
深圳地铁9号线笔架山停车场	地下各单体围护墙为防火墙；库前库尾设置水幕	消防车道仅在设备管理区域设置2个直通安全出口	推荐自然通风	开孔率30%　开孔间距在60 m之内，均匀设置	建筑单体借用消防车道进行疏散
厦门地铁3号线五缘湾停车场	地下各单体围护墙为防火墙；列车出入处未设置水幕	消防车道上安全出口间距不大于120 m	推荐自然通风	开孔率25%　开孔间距未做要求，结合上盖要求进行设计	建筑单体借用消防车道进行疏散

续上表

案例名称	防火分隔措施	安全出口	消防车道防排烟	消防车道顶部开孔情况	疏散
深圳地铁13号线内湖停车场	地下各单体围护墙为防火墙；库前设置水幕	运用库四周消防车道上安全出口间距不大于120 m，其余区域不满足	推荐自然通风	开孔率5%~40%，开孔间距在60 m之内；运用库、综合楼、维修楼四周开孔较密，其余区域较稀疏	建筑单体借用消防车道进行疏散
杭州地铁9号线四堡停车场	地下各单体围护墙为防火墙；库前设置2道水幕	消防车道上安全出口间距不大于120 m	推荐自然通风	开孔率25%，开孔间距未做要求，根据上盖场地设计	建筑单体借用消防车道进行疏散

2.3.2　存在问题

1. 防火分隔措施

地下单体建筑外墙（围护墙）设置为防火墙、防火墙上设置防火门窗的要求基本一致，对于列车进出位置无法设置防火门的情况，是否采取别的等效分隔措施在现行工程中存在差异。但是利用水幕分隔的要求已列入部分地方标准，在地下车辆基地工程里广泛采用，争议不大。

单体外区域与消防车道间是否采取分隔措施（主要是指咽喉区），措施不同，争议也较大。调研案例中只有杭州四堡停车场在咽喉区与库前消防车道间设置水幕分隔。咽喉区只是交通（主要是列车通过）空间，没有消防车道的设置要求，不设置排烟设施，也未要求全覆盖地设置消火栓，在不能绝对排除火灾列车滞留的工况下，相邻的消防车道安全性难免被质疑。

2. 消防车道的顶部开洞要求

对于建筑空间，自然通风率达到地面面积的25%，即可认为等同于安全区。调研项目中虽然顶部开洞情况不完全相同，但结合后续各地颁布地方标准的相关规定，至少按25%的比例均匀布置，间距不超过60 m的标准也基本达成共识。问题的焦点在于25%的比例是以什么作为基准，有的项目是按车行道路的实际宽度计算面积，宽度7~10 m不等，有的坚持为消防车道所需的宽度计算，大幅度地降低基数。这也直接影响到安全区域的定义范围。保守的观点认为既然25％的开洞只限于消防车道，那就只有消防车道区域才属于安全区，其余区域起码需要模拟论证确认。如果开洞偏离了消防车道区域，安全性也应另当别论。

3. 消防车道的安全出口设置

地下消防车道作为救援与疏散的另类安全区，毕竟不是真正意义上的室外安全区，人员尚需二次撤离。其安全性不仅不能等同于下沉广场，以狭义的思路理解，甚至可能逊于避难走道。地下消防车道安全性的论证必须紧密结合地铁停车场的功能与空间特点，高度强调单体建筑外空间无可燃物（咽喉区列车停靠暂不考虑），毕竟城市交通隧道的安全出口间距可至250～300 m。

各项目安全出口的设置标准大相径庭。部分参照避难走道地面出口的设置标准，也有地标将盖下（非地下）安全出口的间距规定为180 m。部分项目则对疏散距离不做限定，只要求安全出口数量不得少于两个。

针对以上问题，本书将在梳理地下停车场整体消防设计思路的基础上，结合消防设计实践，围绕与消防车道安全性直接相关的消防设计展开聚焦分析。

3 地铁地下停车场消防设计实践

3.1 工程概况

深圳市城市轨道交通 14 号线工程串联福田区、罗湖区、龙岗区和坪山区，覆盖深圳东部地区南北向交通需求走廊，是联系深圳中心区与东部组团的轨道交通快线，设计时速 120 km。该线路在城市空间布局中的位置示意如图 3-1 所示。

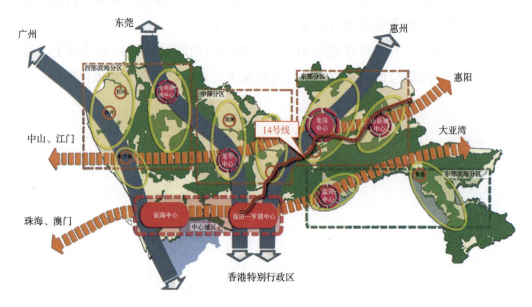

图 3-1 线路在城市空间布局中的位置示意图

深圳市城市轨道交通 14 号线起自福田中心区岗厦北枢纽，经罗湖区、龙岗区止至坪山区，全部采用地下线敷设方式。依据线路定位及需求，线路起点需设停车场 1 座。线路起点位于福田—罗湖片区，属于深圳市城市建设成熟区。

3.1.1 停车场选址及周边规划

通过本线沿线踏勘和调查，筛选出田面、福新、宝荷 3 个地块作为停车场用地进行比选，并最终选定福新地块。

福新地块位于深圳市福田区深南大道南侧、滨河大道北侧、皇岗路东侧、福田路西侧的中心公园内，地块南北长约 1 100 m，东西宽约 300 m，面积约 14 万 m²。现状及规划均为公园绿地，大部分在基本生态控制线范围内，少部分为水域。福新地块现状影像及城市总体规划如图 3-2 所示，实景图如图 3-3 所示。

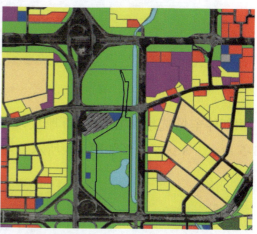

图 3-2　福新地块现状影像及城市总体规划图

图 3-3　福新地块现状实景图

福华路从用地中部东西向贯穿，福华路南侧、用地西北角有多栋福田村居民住宅。地块西侧有加油站两座，分别为加德士加油站和皇岗加油站，东侧为福田河及一条小路。

本线起点停车场在理想状况下，需要设置 20 列位停车列检，同时需要为 11 号线东延线预留 12 列位停车列检。

福新地块停车场规模较大，满足停车场的功能用地要求。停车场可设停车列检 16 线（32 列位），双周/三月检 2 线，临修线 1 条，洗车线 1 条，调机库线 2 条，牵出线 1 条。福新停车场方案平面布置如图 3-4 所示。

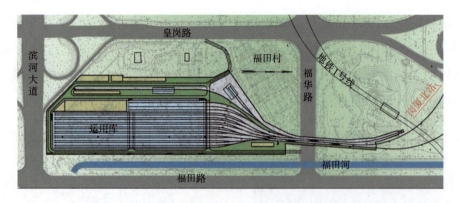

图 3-4　福新停车场方案平面布置图

福新停车场选址所在的福新地块现状为深圳市中心公园 A 区总平面图如图 3-5 所示，A 区平面图如图 3-6 所示。停车场建设期间，公园也正在进行升级改

图 3-5　深圳市中心公园总平面图（国际竞赛第一名）[17]

造，致力于打造深圳市国际友好城市公园，定位为深圳新的城市会客厅，在坚持"国际化、绿色、简洁、亲和"的原则下，力争建成兼具国际性和艺术性的主题公园，达到国际一流的园林设计和建造水平，成为深圳对外友好交流的展示平台。

图3-6　深圳市中心公园A区平面图（国际竞赛第一名）[17]

借打造国际友好城市公园为契机，为更好彰显地域文化，提升深圳中心公园品质，结合深圳14号线福新停车场建设，深圳市福田区建筑工务署牵头对深圳中心公园进行整体功能完善与提升，基于中心公园本体自然生态元素进行网络式生态修复，塑造绿色可持续公园，打造更开放、更便民、功能更丰富的中心公园。

3.1.2　停车场方案设计要求

2010年以来，中心公园由相对单一的公园景观营造转向兼顾城市空间发展的一体化公园，中心公园正在经历其第三阶段的变迁。

福新停车场设计需与中心公园景观、功能、整体风貌相协调。福新停车场选址在深圳中心公园A区，需结合公园规划，全部设置于地下。竣工后，地面需要恢复为高品质的景观公园。

在其停车场功能性满足的前提下，全地下停车场的消防设计成为焦点问题，如何在公园的景观整体性和停车场消防疏散、排烟等必要的地面附属设置间找到平衡，是地下停车场方案是否具备可实施性的关键。

依据前文的背景调研、工程实践调研，本书基于深圳地铁14号线福新停车场的实际项目，针对消防疏散和排烟问题进行重点研究。

3.2 消防设计方案

3.2.1 设计思路

设计首先要执行现行国家标准的要求。

福新停车场设置地下消防车道环路，地下各功能分区以单体建筑形式进行防火分隔。建筑的耐火等级为一级，内部装修材料的燃烧性能均为 A 级。

参考部分地标和课题成果，结合地下工程通风条件差、救援难度大的特点，福新停车场采用顶盖开设通风采光口的方式提高地下空间的安全性。除了消防车道通向市政道路的两个出口，地下空间必须设置能直接通向地面的安全出口。

考虑到用地要求，全部安全出口直达地面难以实施，参照《地铁设计防火标准》（GB 51298—2018）的要求，可加强地下消防车道的防火设计，将其作为地下各单体建筑的疏散安全区。

对于如何确保人员疏散与救援安全，现行标准不能涵盖或者存在较大争议的内容通过专项研究与论证进行防火优化设计。

3.2.2 总图布置及功能分区

福新停车场位于福田区福华路南侧、滨河大道北侧、皇岗路东侧、福田河西侧的中心公园内，南北长约 983 m，标准段东西宽约 173 m，占地面积约 10.7 万 m²。福新停车场总平面图如图 3-7 所示。

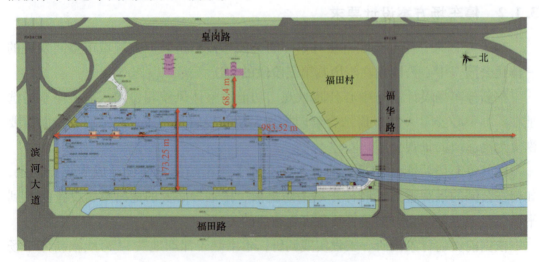

图 3-7　福新停车场总平面图

停车场设置南北两个消防车道出入口，北侧出入口接入福新街，再通过福新街与福华路辅道连通，南侧出入口接入滨河/皇岗立交的匝道。

本工程为地下一层（局部二层或夹层）结构，结构埋深 12.6 m～15.6 m，其中轨面埋深 10 m～13 m。福新停车场横剖面图如图 3-8 所示。

图 3-8　福新停车场横剖面图

福新停车场为单层地下式停车场，洗车线与停车列检线尽端式布置，出入线从岗厦北枢纽接轨，向南进入库区用地。停车列检库线 16 线 32 列位，双周检线/三月检线 2 线 2 列位，工程车库线 2 线，洗车线、临修线、牵出线各 1 线，洗车线与停车列检库线尽端式布置。

依据《深圳新线段场建设标准》，同时根据工艺使用需求及运营人员生产生活需求，福新停车场内建筑单体按使用性质可分为民用建筑、厂房和仓库。具体如下：

1. 民用建筑：停车场配套用房、运用库边跨生产配套用房。

2. 厂房：运用库（包括停车列检库、双周/三月检库、临修库）、调机及工程车库、洗车库、废水处理站、主变电所、牵引降压所。

3. 仓库：物资库。

福新停车场内共有 5 个功能区：

1. 运用库：布置停车场东侧，建筑面积约 46 500 m^2。

2. 运用库边跨：贴临运用库西南侧布置，地下一层的建筑面积约 5 700 m^2，局部二层建筑面积约 3 500 m^2。

3. 咽喉区：布置于停车场北侧。

4. 牵引变电所：贴临咽喉区东侧布置，建筑面积约 1 100 m^2。

5. 生产配套用房、消防泵房和水池、工程车库、洗车库及污水处理站：布置于运用库及其边跨的西侧，地下一层建筑面积约 6 400 m^2，局部二层建筑面积约 3 000 m^2。

其中，运用库用于列车停放及列检，无明火作业；洗车线用于列车清洗；咽喉区用于列车空载通行，列车无停留。运用库及其边跨四周设置了消防车道，并设有两个直通地面道路的消防车出入口。

福新停车场功能分区如图 3-9 所示，地下各层平面图如图 3-10 所示，空间轴侧图如图 3-11 所示。

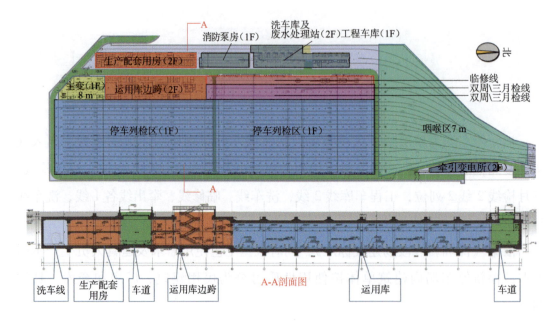

图 3-9　福新停车场功能分区

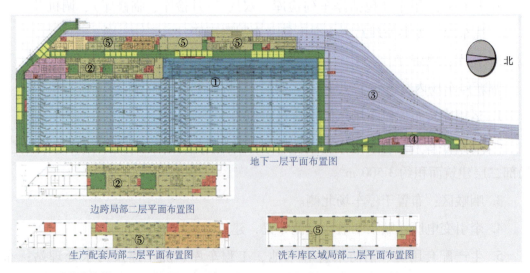

注：图中①②③④⑤分别表示运用库、运用库边跨、咽喉区、牵引变电所、生产配套用房。

图 3-10　福新停车场地下各层平面图

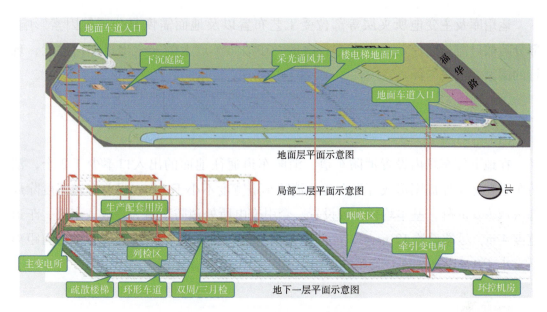

图 3-11 福新停车场空间轴侧图

3.2.3 防火优化设计

结合工程实际情况,设计单位联合国家消防工程技术研究中心进行了防火设计优化研究。《深圳市城市轨道交通 14 号线福新停车场防火设计优化研究报告》[18](以下简称研究报告)明确了设计难点,结合火灾危险性分析提出了多项方案优化措施。

1. 难点分析

福新停车场为地下停车场,其地下消防车道的具体要求及其安全保障措施目前尚无相关规范明确规定,因此该项目主要存在的消防设计难点如下:

《地铁设计防火标准》(GB 51298—2018)规定,地下停车场、列检库、运用库等室内最远一点至最近安全出口的疏散距离不应大于 45 m,设置自动喷水灭火系统时,不应大于 60 m。同时条文说明表示,上述库房列车停车位下面设置有检修坑,且常有众多列车停放,当不能满足疏散距离时,可采取检修坑之间连通,把出入口置于库房外与消防车道相邻,视为达到安全区。

在设计中还存在部分现行国家规范尚未涵盖的问题。

本工程在运用库周围设置了环形消防车道,牵引变电所旁设置了尽端式消防车道,消防车道的顶部为结构顶板,车道宽 7 m,局部 6 m 或 6.5 m;尽端式车道宽 4 m,配套的回车场尺寸为 12 m×12 m。在消防车道顶部设置了采光通风井,以解决消防车道的自然排烟问题,但关于地下消防车道顶部开孔比例、排烟条件等要求,现行的国家规范尚未涵盖。

运用库及主变电所夹层等部位受工艺布置以及地面需恢复公园等因素影响，部分疏散口需先通往消防车道进行疏散。在消防车道上的安全出口如何设置，现行的国家规范尚未涵盖。

2. 优化方案

（1）消防车道

在地下停车场内设置消防车道，消防车道通往地面的出入口不少于 2 个，消防车道在运用库周围形成环形车道，消防车道宽度不小于 4 m，目前车道宽度除局部区域为 6 m 外，基本均按 7 m 设置。牵引变电所处消防车道为尽端式车道，车道宽度 4 m，尽端设置 12 m×12 m 的回车场地。消防车道两侧建筑或墙体之间距离不宜小于 9 m，运用库环形消防车道示意如图 3-12 所示。

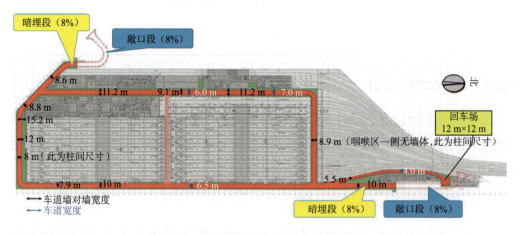

图 3-12　运用库环形消防车道示意图

除穿越运用库内部的消防车道外，运用库周围的环形消防车道、牵引变电所旁的尽端式消防车道及消防车道出口区域上空设置敞开式采光通风井，建议采光通风井开口面积不小于消防车道地面面积的 30%，且均匀布置，消防车道顶部开口之间的距离不大于 60 m。消防车道开口布置如图 3-13 所示。

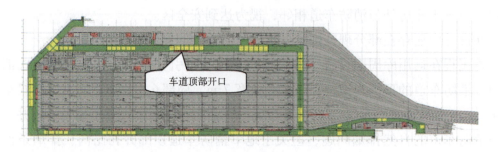

图 3-13　消防车道开口布置

（2）防火分隔

建议运用库内的双周/三月检线、临修线等区域采用耐火极限不低于 3.00 h 的防火墙和甲级防火门、防火分隔水幕等与停车列检库区域进行防火分隔，划分为一个防火分区，并与西侧消防车道区域采用防火墙和甲级防火门、防火分隔水幕进行分隔，分隔示意图如图 3-14 所示。

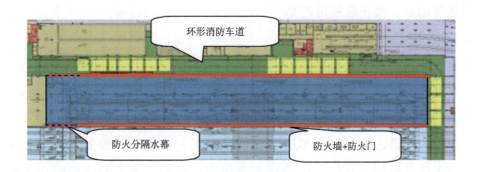

图 3-14　双周/三月检线、临修线防火分隔示意图

运用库与消防车道之间设置耐火极限不低于 3.00 h 的防火墙进行分隔，防火墙上设置的连通口采用甲级防火门进行防火分隔，运用库与咽喉区相邻的一侧由于列车通行无法分隔，建议在咽喉区末端与消防车道之间设置挡烟垂壁防止火灾烟气蔓延。运用库防火分区划分示意如图 3-15 所示。

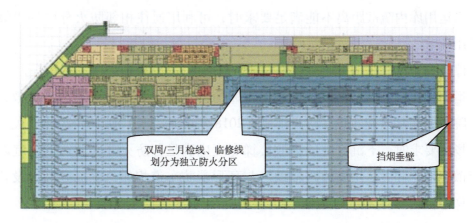

图 3-15　运用库防火分区划分示意图

整个停车场地下空间内的运用库边跨辅助用房、主变电房、生产配套用房、消防水泵房等部分均采用防火墙、甲级防火门窗、防火水幕等措施与地下空间的其他部位进行防火分隔，各附属建筑按地下建筑相关规定设计。

当设备房等辅助用房利用消防车道疏散时，其疏散门距离消防车道旁最近安全出口不大于 60 m。

停车场的停车列检库、双周/三月检库、临修线及设备用房等区域及停车场其他公共区域均采用燃烧性能为 A 级的装修材料。

停车场地下空间内，咽喉区和洗车线轨行区未划分防火分区。咽喉区、洗车线轨行区以及其他未划入单体建筑的公共区域，仅作为车辆及工作人员通行使用，不兼做其他用途，禁止堆放可燃物。

（3）安全疏散

根据《地铁设计防火标准》（GB 51298—2018），运用库内设有检修坑，且有众多列车停放，可采用检修坑的连通进行疏散，运用库内任一点疏散至疏散楼梯、消防车道、下沉庭院或相邻防火分区的距离不大于 60 m。

运用库内股道之间、消防车道等部位根据工艺要求需要设置围蔽时，围蔽设施上增设人员疏散用平开门，因管理需要设置门禁时，火灾时应能确保不使用任何钥匙等工具易于打开，并在显著位置设置有使用提示的标识。

当地下建筑通过消防车道疏散时，在消防车道旁设置通往地面的疏散楼梯，运用库疏散至消防车道的疏散门与最近疏散楼梯的距离不大于 60 m，消防车道上设置疏散楼梯确有困难时可借用相邻辅助用房疏散，并采用走道就近通往辅助用房内的疏散楼梯，疏散楼梯的净宽度不小于 1.1 m。

当运用库内疏散距离不能满足要求时，可利用通往相邻防火分区的甲级防火门借用疏散。

停车列检区建议增设通往边跨内下沉庭院的安全出口。

运用库边跨辅助区等区域可利用相邻的下沉庭院及消防车道进行疏散，当下沉庭院不能满足《建筑设计防火规范（2018 年版）》（GB 50016—2014）关于下沉式广场的要求时，下沉庭院的疏散楼梯宽度应满足各防火分区通往下沉庭院的计算疏散宽度之和。运用库边跨辅助区与环形消防车道相邻，下沉庭院内设置的消防电梯可供相邻防火分区使用。

（4）消防设施

咽喉区与库前消防车道之间设置挡烟垂壁，挡烟垂壁距离盖板底不小于 1.6 m，并宜设置至接触网上部。

运用库内设置机械排烟系统，根据《地铁设计防火标准》（GB 51298—2018）第 8.2.4 条规定，防烟分区包含轨道区时，按列车设计火灾规模计算排烟量；防烟分区面积等根据《建筑防烟排烟系统技术标准》（GB 51251—2017）第 4.2.4 条相关要求确定。

运用库与咽喉区相邻一侧墙体上的开口可作为自然补风设施，自然补风口的风速不大于 3 m/s，补风口面积按运用库与咽喉区相邻一侧墙体开口面积、对应消防车道通往地面的开口面积较小值计算。开口的自然补风不能满足要求时，建议增设机械补风设施。

运用库设置自动灭火系统，可采用大空间智能型主动喷水灭火系统或自动喷水灭火系统，并宜采用自动喷水灭火系统；当采用大空间智能型主动喷水灭火系统时，满足任意一点两股水柱同时达到。

咽喉区、运用库内均应设置火灾自动报警系统，并设置手动报警按钮。设置视频监控系统，覆盖库区所有区域。

咽喉区、运用库等区域均设置室内消火栓系统，消防车道边设置室外消火栓系统，间距按不大于 60 m 布置。库区内部设置室内消火栓系统，室内消火栓的布置间距需考虑列车遮挡影响后，仍确保两股水柱同时到达库内任意一点。

停车场内除运用库、咽喉区、各辅助单体建筑外的其他公共区域建议设置自动灭火系统、火灾自动报警系统和消火栓系统。

3.2.4　火灾模拟与人员安全疏散分析

为验证上述防火设计优化方案的效果，本书详细记录了火灾模拟与分析过程。

火灾场景的选择要充分考虑建筑物的使用功能、建筑的空间特性、可燃物的种类及分布、使用人员的特征以及建筑内采用的消防设施等因素。通常，应根据最不利原则选择火灾风险较大的火灾场景作为设定火灾场景。

本工程引燃源的来源是维修作业工人携带的火种或化学危险品，工人携带的物品中若含有易燃、易爆物品，在环境条件适合的情况下就有可能引起燃烧甚至爆炸；工人违章吸烟、乱扔烟蒂也可能引发火灾。列检、维修等区域内的电气设备也是引发火灾的原因之一。电气设备若经久不换，或电线外露，或超负荷使用，以及检修车体电气设备不良，产生短路或局部过热等都可能导致火灾。在车体检查、检修及调试作业过程中，工人违章电焊、气焊等热工操作同样可能引起火灾。

相对而言，列车车厢火灾是较为不利的火灾场景，所产生的大量热量和烟气可能影响库内人员的安全，如果引燃其他停靠列车还将造成更大的经济损失。

地铁列车的火灾危险性要小于目前较为常见的空调旅客列车，主要表现在以下两个方面：

一是地铁列车以电力为动力源，其火灾危险性低于以燃煤为动力的蒸汽机车和以燃油为动力的内燃机车和普通客车；二是地铁列车车厢主要采用阻燃性、难燃性和不燃性材料，提高了防火安全性能，存在可燃物远少于蒸汽机车、内燃机车及普通客车。

由于运用库防火分区面积较大，同时停放的地铁列车较多，因此，火灾荷载和人员数量均相对较多，增加了建筑的火灾危险性。研究工作采用消防安全工程学的理念，在运用库内设定了7处火源位置，运用火灾动力学模拟软件FDS（Fire Dynamics Simulator）对维修基地内的进行了火灾蔓延及烟气流动状态分析，并结合火灾模拟研究结果进行了人员安全疏散分析。

在选取发生火灾的位置时，主要考虑某处发生火灾后，可能对人员的疏散造成最不利影响的情况。火源位置如图3-16所示。

火源位置A：火灾发生在运用库内的停车列检库区域内，可燃物为地铁列车。

火源位置B：火灾发生在运用库内的停车列检库区域内，可燃物为地铁列车。

火源位置C：火灾发生在运用库内的停车列检库区域内，可燃物为地铁列车。

火源位置D：火灾发生在运用库内的停车列检库区域内，可燃物为地铁列车。

火源位置E：火灾发生在运用库内的停车列检库区域内，可燃物为地铁列车，考虑运用库发生火灾对临近消防车道的影响。

火源位置F：火灾发生在运用库内的停车列检库区域内，可燃物为地铁列车，考虑运用库发生火灾对临近消防车道的影响。

火源位置G：火灾发生在运用库内的附属用房内，可燃物为房间内物品，考虑运用库发生火灾对临近消防车道的影响。

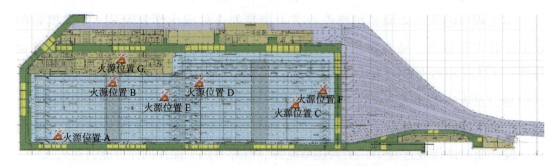

图3-16　停车场火源位置示意图

目前，国内外对不同车型火灾热释放速率的研究相对较少，且没有统一标准。地铁列车的火灾规模一般取决于列车内部组成材料及其可燃性，随着对列车材料可燃性的严格控制，列车火灾规模有下降的趋势。目前地铁一般采用钢轮钢轨制式列车，主要由不燃构件和材料整体拼装而成。

根据《地铁设计防火标准》（GB 51298—2018）条文说明，地铁列车的火灾规模为 7.5 MW~10.5 MW，本书采用列车火灾最大热释放速率为 7.5 MW 进行模拟分析。

参照《建筑防烟排烟系统技术标准》（GB 51251—2017）中确定的不同场所的火灾热释放速率，将附属用房在自动灭火系统失效时的火灾最大热释放速率确定为 8.0 MW。

本书理想地认为消防人员对火灾的抑制成功概率为 100%，即一旦消防人员开始展开扑救，火灾便可得到有效抑制，不再扩大。

发生火灾后，自动喷水灭火系统和防排烟系统同时生效的事件概率最大，为 0.855；喷水灭火系统生效而排烟系统失效的事件概率为 0.095；喷水灭火系统失效而排烟系统生效的事件概率为 0.045；自动喷水灭火系统和防排烟系统同时失效的事件概率最小 0.005。自动喷水灭火系统和防排烟系统同时失效时带来的火灾损失是最严重的。因此，在设置火灾场景时，应关注自动喷水灭火系统和防排烟系统同时生效（概率最大）或失效（损失最严重）的火灾事件。

基于以上分析，在福新停车场内部选定 7 组共 11 个设定火灾场景进行模拟计算，即对于 A、B、C、D 四个场景分别考虑消防设施失效与非失效的状态。

FDS 由美国国家标准与技术研究院（NIST）开发。随着其新版本的不断推出，功能日益增强，模拟结果也可以由图形显示软件 Somkeview 演示。FDS 可靠性高且未受到任何具有经济利益及与之相连的其他团体的影响，在世界范围内获得广泛应用。运用场模拟软件 FDS 对建筑内烟气运动情况以及上下层建筑火灾之间的相互影响进行了模拟预测。

在模拟计算时初始条件如下：

1. 火源位置：设定火源位置 A、B、C、D、E、F、G。
2. 建筑模型：以建筑实际尺寸建模。
3. 环境条件：环境初始温度 23 ℃。
4. 壁面边界条件：绝热。
5. 湍流模型：大涡模拟模型。
6. 燃烧模型：混合分数模型。
7. 假设火源：火灾初期发展规律按照按 t^2 火（即火灾的热释放速率与火灾发展时间关系 $Q = at^2$）的发展来设定。
8. 模拟时间：1 800 s。

由于建筑内人员在疏散时会向远离火源的方向疏散，因此在确定人员可用疏散时间时，以远离火源的各个安全出口附近区域的各项参数为依据。

通过对设定火灾场景下火灾烟气运动的模拟分析，得出以下结论：

1. 运用库内发生火灾时，在排烟系统有效启动的情况下，建筑内可在较长的时间内（大于 30 min）维持安全的疏散环境。

2. 运用库内发生火灾时，排烟系统及灭火系统失效时，建筑内可人员疏散可用时间相对较短，可能影响到人员疏散安全。

3. 在设定火灾场景条件下，运用库内靠近环形消防车道部位发生火灾时，消防车道可在较长时间内维持人员疏散的安全环境，火灾后期 4 m 高度处的能见度受到火灾烟气影响，但仍保持在 10 m 以上。

4. 通过对设定火灾场景下火灾烟气运动的模拟分析，可得到运用库内各安全出口附近清晰高度处各项参数的极限值，最不利的情况是火源位置 A 且排烟系统失效的情况。

本书分析了各火灾场景内的人员疏散情况，根据本项目的建筑特点和人员荷载，结合火灾模拟研究结果，计算在最不利情况下，深圳市城市轨道交通 14 号线工程福新停车场人员在现有疏散宽度和距离情况下所需要的疏散时间，为优化人员疏散方案提供设计参考依据。

对于人员安全疏散的设计目标，主要应满足人员在火灾环境下能安全疏散到建筑的室内外安全区域的性能要求。因此，需要对人员可用疏散时间和人员必需疏散时间进行比较，其中人员可用疏散时间（TASET）为从火灾发生到火灾发展至威胁人员安全疏散时的时间间隔；人员必需疏散时间（TRSET）为人员从火灾发生到疏散至安全区域所需要的实际时间。

在建筑消防安全分析实践中，首先应分析建筑的火灾危险性，并根据火灾危险性设定合理的火灾场景；然后用计算机模拟程序对设定火灾场景下的火灾烟气、温度等参数进行计算，得到人员可用疏散时间 TASET；再根据设定火灾场景设置相应的人员安全疏散场景，并利用人员安全疏散模拟软件对设定疏散场景下的人员疏散情况进行计算，得到人员必需疏散时间 TRSET；最后证明 TASET > TRSET 是否成立。

若 TASET > TRSET，则可以认为：在设计的设定火灾场景条件下，使用人员能在火灾产生的不利因素影响到生命安全以前全部疏散到安全区域。反之，则应判定现消防设计方案不能满足人员安全疏散的要求，需要进行修改。

根据设定的火灾场景，设置了相对应的 6 个疏散场景进行了必需疏散时间计算。并将各区域通过计算机人员疏散模拟软件进行计算得到的所需的安全疏散时间，与各火灾场景下可提供可用疏散时间进行比较，以判断各区域内人员疏散的安全性。得到如下结论：

1. 对于各个设定疏散场景，当建筑内发生火灾时，在建筑内消防系统均能够有效启动的情况下，建筑内人员均能够在危险来临之前通过邻近的安全出口疏散至安全区域。

2. 当建筑内发生火灾时，在建筑内消防系统失效的情况下，人员可用疏散时间将减少，人员疏散的安全裕度将降低，可以得出建筑内的消防设施在火灾时有效启动是人员能够安全疏散的重要保证，建议平时定期对建筑内的消防设施进行检测与维护，以保证火灾时能够有效启动。

3. 通过对比人员的可用疏散时间和必需疏散时间，在设定火灾场景的假定条件下，运用库内的人员能够通过设置在消防车道旁的疏散楼梯疏散到室内外，疏散设计能够保证人员的安全疏散。

深圳地铁 14 号线福新停车场，由于工艺布置原因，运用库的疏散楼梯未直接设置在运用库内部，需要至运用库外侧环形消防车道旁设置的疏散楼梯，现行标准对地下环形消防车道的技术要求没有明确规定，本书针对防火设计难点提出了相对系统的防火设计优化建议，并进行了定性定量分析。

在提出的设计方案得到实施的前提下，在设定火灾场景下，运用库内的人员能够通过设置在消防车道旁的疏散楼梯疏散到室外，疏散设计能够保证人员的安全疏散；地下停车场内的防火分隔措施及防排烟系统能够对火灾及烟气蔓延进行有效控制，防火分隔措施能够满足建筑整体消防安全的要求。

前述防火设计优化方案，分别对运用库防火分区、安全疏散、消防设施的设置进行了较为详细的研究，同时针对运用库不同的火源点位置进行了烟气模拟，保障了运用库的火灾安全性，同时认为消防车道内部基本无火灾危险性，未对消防车道进行相关的烟气模拟和分析。

但在实际工程中，消防车道同时也兼顾各个建筑功能之间的运输通道作用，且与外界连通，运输车辆、设备管线、运输物品等均具有火灾危险性，与仅限人员通行的交通空间有所不同，应当进行火灾安全性的独立论证，且不同的排烟孔开孔率、排列方式、间距等对排烟效率的影响也存在差异，前述方案提出的开孔率也宜进一步进行模拟论证。

因为国家标准明确了地下停车场需要设置排烟系统的范围不包括咽喉区,专项研究报告也基本没有针对此部位的研究内容,只是建议在库前区消防车道与咽喉区之间设置挡烟垂壁。前述已提及,不能绝对排除空载列车起火停靠咽喉区的工况,本书提出在库前咽喉区设置挡烟垂壁应该也是考虑到了这一点。咽喉区与作为安全区的消防车道进行防火分隔(非防烟分隔)的代价较大,实施案例极少,对于消防车道区域与咽喉区贯通的情况,咽喉区停靠着火列车对地下疏散环境可能产生的影响,也应进行模拟、进一步论证其安全性。

设计分别对上述工况进行了专项研究。

3.2.5 消防车道安全性研究

本节相比前一小节,只针对火源位置分析、火灾的最大热释放速率、物理模型、模拟结果分析等四方面进行论述。

1. 火源位置分析

本节将消防车道内的火源位置设置于消防车道内、位于消防车道两组顶部开孔中部,可燃物为车道内临时停靠的运维车辆或者小汽车,考虑车辆在消防车道发生火灾的影响。消防车道火源位置示意如图3-17所示。

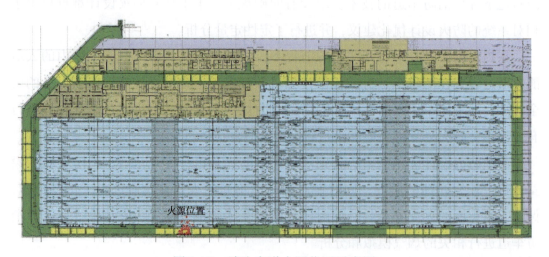

图3-17 消防车道火源位置示意图

2. 火灾的最大热释放速率

运输车辆方面,不同类型车辆的火灾规模因多种因素而异,包括车辆类型、可燃物质的数量、火源强度、燃烧时间等。国际上通常使用热当量(单位为MJ或

MW）来衡量火灾规模，但具体数值可能因车辆的具体情况和火灾条件而有所不同。以下是不同车辆类型的火灾规模［以兆瓦（MW）为单位］：

（1）小型车辆（如轿车、小型货车）

小规模火灾：可能低于 3 MW，这通常指的是火灾初期或火势较小的情况。

中等规模火灾：3~8 MW，这涵盖了火势逐渐增强但尚未达到最大规模的阶段。

大规模火灾：8 MW 以上，这通常意味着火势已经相当猛烈，可能涉及车辆大部分或全部可燃物的燃烧。

（2）大型车辆（如公交车、卡车、重型货车）

由于大型车辆的可燃物质更多，其火灾规模往往更大。

小车级火灾：可能从 3~5 MW 开始，但很快就会发展到更高的级别。

中车级火灾：5~8 MW，这在大型车辆火灾中可能只是初期或中等规模。

大车级火灾：8~12 MW，这时火势已经非常猛烈，可能涉及整个车辆。

拖车级火灾：15~20 MW 或更高，这通常发生在载有易燃物质的大型车辆上，如油罐车、化学品运输车等。

建筑层面上，《建筑防烟排烟系统技术标准》（GB 51251—2017）中针对不同场所的火灾热释放速率，进行了规定，见表3-1。

表3-1 火灾达到稳态时的热释放速率

建筑类别	喷淋设置情况	热释放速率 Q（MW）
办公室、教室、客房、走道	无喷淋	6.0
	有喷淋	1.5
商店、展览	无喷淋	10.0
	有喷淋	3.0
其他公共场所	无喷淋	8.0
	有喷淋	2.5
汽车库	无喷淋	3.0
	有喷淋	1.5
厂房	无喷淋	8.0
	有喷淋	2.5
仓库	无喷淋	20.0
	有喷淋	4.0

考虑到本研究的重点是火灾本身而非车辆，车辆类型对火灾的影响并不在本次的研

究范围内,因此本次研究以大型运输车辆为例,火灾规模按照大车级火灾来进行设定,最终在考虑安全系数的情况下,确定消防车道处的列车火灾最大热释放速率为 15 MW。

3. 物理模型

根据深圳市城市轨道交通 14 号线工程福新停车场实际情况建立消防车道的 FDS 模型(模型一),其满足开孔率 30%、两组开孔之间间距小于 60 m。

为做对比研究,建立开孔率为 25%、两组开孔之间间距小于 60 m 的对比模型(模型二)以及开孔率为 25%、开孔均匀分布的对比模型(模型三)。同时建立福新停车场内部的 FDS 模型(模型四)。

模型效果如图 3-18 所示:

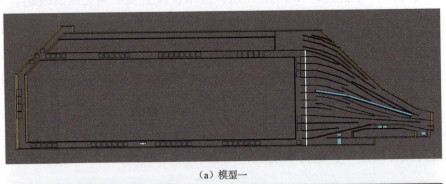

(a) 模型一

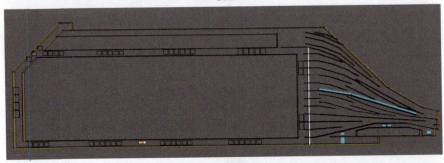

(b) 模型二

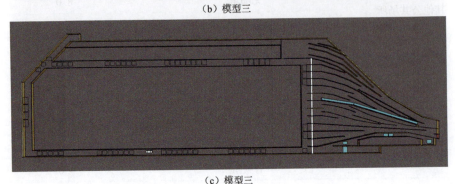

(c) 模型三

图 3-18 福新停车场消防车道 FDS 模型效果

最不利人员疏散为从大库疏散至消防车道,再通过车道上的楼梯间疏散至地面。按照最不利因素考虑,靠近车道着火点位置的大库疏散口因火情无法使用,此处人员需要向其他方向的疏散口去疏散,按照极限情况,需要库内疏散 120 m,才能到达单体建筑外区域,按照前文论述,单体建筑外还需疏散不大于 60 m,方可疏散至车道直通地面楼梯间。按照最不利情况,合计疏散距离 180 m。综合考虑火情造成的情绪紧张、大库疏散需要下钻检修坑等不利因素,按照疏散速率 0.3 m/s 计算,需要疏散时间为 600 s。

4. 模拟结果分析

本章将运用火灾动力学模拟软件 FDS 对消防车道内的火灾及烟气蔓延情况进行模拟计算,得到该火灾场景下的温度、能见度等参数。

本场景火源位于下方消防车道中部,两组开孔中间,火灾按 t^2 火(即火灾的热释放速率与火灾发展时间关系 $Q = at^2$)发展,火灾增长系数 $a = 0.04689$ kW/s^2,火灾最大热释放速率为 15 MW,将初始环境条件输入火灾模拟软件 FDS 中进行模拟计算,针对三种模型,分析结果如下。

(1) 物理模型一的 FDS 模拟结果分析

该模型消防车道顶部的开孔比例为 30%,且两组开孔之间的间距小于 60 m,能见度模拟结果如图 3-19、图 3-20、图 3-21、图 3-22 所示。

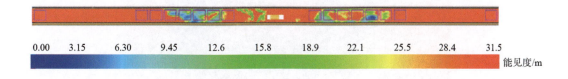

图 3-19　模型一 2 m 处能见度分布云图

考虑到火灾发展初期的影响是逐渐增加的,即温度会逐步上升,能见度逐步降低,因此 1 800 s 内,温度和能见度是单向变化的,因此选择模拟时间为 1 800 s 时刻的模拟结果即可,由图 3-19 和图 3-20 可知,在模拟时间 1 800 s 时,消防车道 2 m 以及 4 m 清晰高度处小部分区域的最低能见度低于限定值 10 m,这些区域皆处于火源两侧的自然排烟风孔内,此两组风孔之外的消防车道内的最低能见度为 30 m,远高于设定的危险能见度 10 m,说明超出火源邻近排烟风孔的区域皆为安全区域,疏散人员可以通过其余区域的安全出口疏散,可以满足人员疏散过程中的能见度需要。消防车道环形布置，此处道路不通，消防车可以绕行到达任何一处着火点，展开灭火与救援。

图 3-20　模型一 4 m 处能见度分布云图

图 3-21　模型一能见度等值面平面图

图 3-22　模型一能见度等值面剖面图

如图 3-21 和图 3-22 所示，图中区域表示模拟时间为 1 800 s 时，能见度为 10 m 的等值面，能够发现，该等值面所覆盖的区域主要集中于火源两侧的两组自然排烟孔范围内，结合剖面图可知，该区域上半部分体积更多，说明能见度会受到烟气层高度的影响，由于烟气扩散上升，不断累积，消防车道顶部能见度降低，但该区域并未超过邻近两组风孔，印证了图 3-19 和图 3-20 得出的结论，即超出火源临近排烟风孔的区域为安全疏散区域，可以满足人员疏散过程中的能见度需要。

温度模拟结果如图 3-23、图 3-24、图 3-25 所示。

如图 3-23 所示，在模拟时间 1 800 s 时，消防车道列车发生火灾时，高温区域主要集中于火源上方，列车正上方区域温度最高，两侧区域温度低于设定的危险温度 60 ℃，可以允许人员通过。

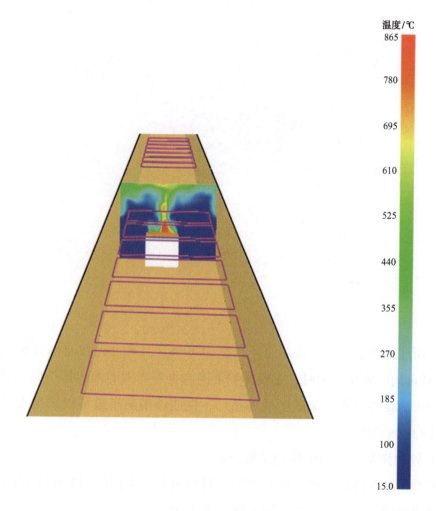

图 3-23　模型一温度剖面图

图 3-24　模型一温度 60 ℃ 等值面平面图

结合图 3-24 和图 3-25 可知,在模拟时间 1 800 s 时,该等值面温度数值为设定的危险温度 60 ℃,区域外部表示人员的疏散温度安全区域,区域范围位于火源附近,且处于消防车道上部。由温度剖面图可以直观看出,火源两侧温度并未达到 60 ℃,并且整个区域皆处于两组排烟风孔之间,说明消防车道其余区域均为安全区域,可以满足人员疏散的温度需要。

图 3-25　模型一温度 60 ℃ 等值面剖面图

综上所述,当消防车道顶部的开孔率为 30%,且相邻两组自然排烟风孔的距离小于 60 m 时,发生火灾时,主要影响范围为火源周围的两组排烟风孔区域,其余位置皆可满足作为安全疏散区域的条件,说明该消防车道可以满足人员疏散过程中的生命安全需要。

(2) 物理模型二的 FDS 模拟结果分析

该模型消防车道顶部开孔率为 25%,且两组开孔之间的间距小于 60 m,能见度模拟结果如图 3-26、图 3-27、图 3-28、图 3-29 所示。

由图 3-26 可知,在模拟时间 1 800 s 内,消防车道 2 m 清晰高度处小部分区域的最低能见度低于限定值 10 m,最低能见度约为 5 m,这些区域皆处于火源两侧的自然排烟风孔内,此两组风孔之外的消防车道内的最低能见度为 30 m,远高于设定的危险能见度 10 m。

由图 3-27 可知,在消防车道 4 m 清晰高度处,有部分区域的最低能见度低于限定值10 m，且该区域面积要高于2 m清晰高度处的区域，其火源两侧排烟风孔外的消防车道区域也受到了影响，其最低能见度约为20 m，但仍可满足能见度限值要求，说明超出火源邻近排烟风孔的区域皆为安全区域，可以满足人员疏散过程中的能见度需要。

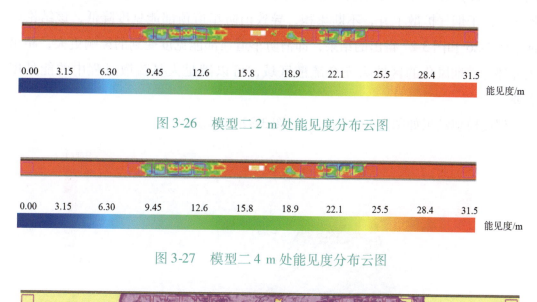

图 3-26　模型二 2 m 处能见度分布云图

图 3-27　模型二 4 m 处能见度分布云图

图 3-28　模型二能见度 10 m 等值面平面图

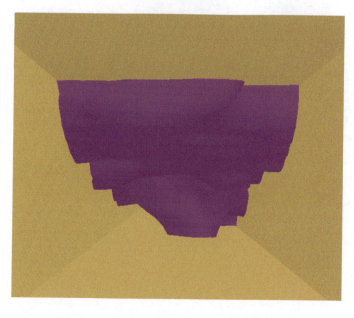

图 3-29　模型二能见度 10 m 等值面剖面图

如图 3-28 和图 3-29 所示，图中区域表示模拟时间为 1 800 s 时，能见度为 10 m 的等值面，能够发现，该等值面所覆盖的区域主要集中于火源两侧的两组自然排烟孔范围内，且略微超过了两组排烟风孔覆盖区域，结合剖面图 3-29 可以确定，该区域大部分体积集中于消防车道顶部，说明能见度会受到烟气层高度的影响，推测是由于烟气扩散上升，不断累积，导致消防车道顶部能见度降低，该结论印证了图 3-26 和图 3-27 得出的结果，即消防车道顶部能见度受到的影响更大，超出火源邻近排烟风孔的区域为安全疏散区域，可以满足人员疏散过程中的能见度需要。

温度模拟结果如图 3-30、图 3-31、图 3-32 所示。

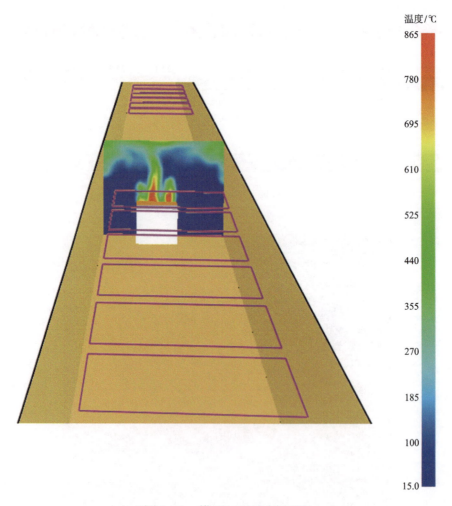

图 3-30　模型二温度剖面图

如图 3-30 所示，在模拟时间 1 800 s 时，消防车道列车发生火灾时，高温区域主要集中于火源上方，列车正上方区域温度最高，两侧区域温度均低于设定的危险温度 60 ℃，可以允许人员疏散通过。

图 3-31　模型二温度 60 ℃ 等值面平面图

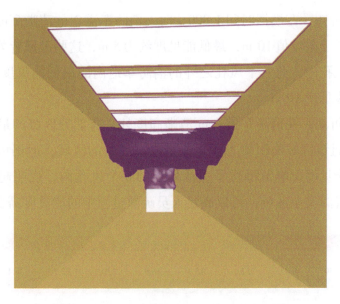

图 3-32　模型二温度 60 ℃ 等值面剖面图

结合图 3-31 和图 3-32 可知，在模拟时间 1 800 s 时，该等值面温度数值为设定的危险温度 60 ℃，区域外部表示人员的疏散温度安全区域，区域范围位于火源附近，且处于消防车道上部。由温度剖面图可以直观看出，危险区域主要位于消防车道顶部，火源两侧区域温度并未达到危险限值，并且整个危险区域皆处于两组排烟风孔之间，说明消防车道其余区域均为安全区域，可以满足人员疏散的温度需要。

综上所述，当消防车道顶部的开孔率为 25%，且相邻两组自然排烟风孔的距离小于 60 m 时，发生火灾时，主要影响范围为火源周围的两组排烟风孔区域，其余位置可满足作为安全疏散区域的条件，说明该消防车道可以满足人员疏散过程中的生命安全需要。

（3）物理模型三的 FDS 模拟结果分析

该模型消防车道顶部开孔率为 25%，且所有开孔均匀分布，能见度模拟结果如图 3-33、图 3-34、图 3-35、图 3-36 所示。

图 3-33　模型三 2 m 处能见度分布云图

由图 3-33 可知，在模拟时间 1 800 s 时，消防车道 2 m 清晰高度处小部分区域的最低能见度低于限定值 10 m，最低能见度约为 5 m，这些区域皆处于火源左右两侧的六个排烟风孔内，此六个风孔之外的消防车道内的最低能见度为 30 m，远高于设定的危险能见度 10 m。

由图 3-34 可知，在消防车道 4 m 清晰高度处，有部分区域的最低能见度低于限定值 10 m，且该区域面积要大于 2 m 清晰高度处的区域，但仍可满足能见度限值要求，并且能见度影响范围位于火源邻近的 6 个风孔内，说明超出火源邻近排烟风孔的区域皆为安全区域，可以满足人员疏散过程中的能见度需要。

图 3-34　模型三 4 m 处能见度分布云图

图 3-35　模型三能见度 10 m 等值面平面图

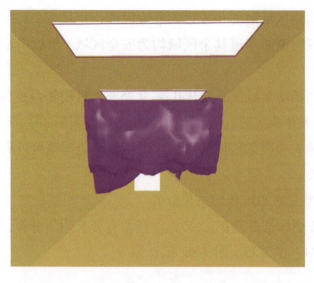

图 3-36　模型三能见度 10 m 等值面剖面图

如图 3-35 和图 3-36 所示，图中区域表示模拟时间为 1 800 s 时，能见度为10 m 的等值面，能够发现，该等值面所覆盖的区域主要集中于火源两侧的 6 个自然排烟孔范围内，结合剖面图 3-36 可以确定，该区域大部分体积集中于消防车道顶部，该结论印证了图 3-33 和图 3-34 得出的结果，即消防车道顶部能见度会更容易受到烟气累积影响，超出火源邻近排烟风孔的区域为安全疏散区域，可以满足人员疏散过程中的能见度需要。

温度模拟结果如图 3-37、图 3-38、图 3-39 所示。

由图 3-37 所示，在模拟时间 1 800 s 时，消防车道列车发生火灾时，高温区域主要集中于火源上方，列车正上方区域温度最高，两侧区域温度均低于设定的危险温度 60 ℃，可以允许人员疏散通过。

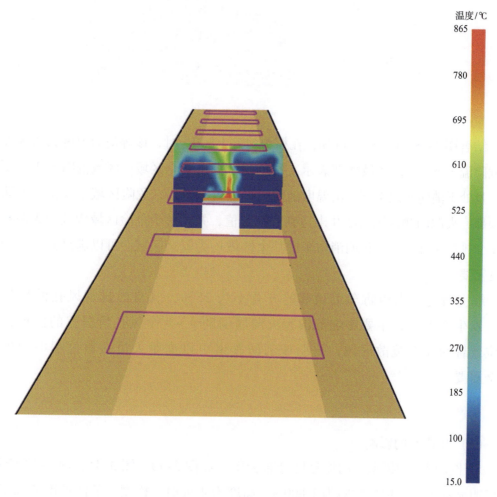

图 3-37　模型三温度剖面图

图 3-38　模型三温度 60 ℃ 等值面平面图

图 3-39　模型三温度 60 ℃ 等值面剖面图

结合图 3-38 和图 3-39 可知,在模拟时间 1 800 s 时,该等值面温度数值为设定的危险温度 60 ℃,区域外部表示人员的疏散温度安全区域,区域范围位于火源附近,且处于消防车道上部。由温度剖面图可以直观看出,危险区域主要位于消防车道顶部,火源两侧区域温度并未达到危险限值,并且整个危险区域皆处于火源相邻的 4 个排烟风孔之间,说明消防车道其余区域均为安全区域,可以满足人员疏散的温度需要。

综上所述,当消防车道顶部的开孔率为 25%,且自然排烟风孔的均匀分布,发生火灾时,主要影响范围为火源周围的 4~6 个风孔所覆盖的区域,其余位置皆为安全疏散区域,说明该消防车道可以满足人员疏散过程中的生命安全需要。

5. 对比分析

(1) 开孔率的影响

对比模型一和模型二的能见度分布云图,如图 3-40、图 3-41、图 3-42 所示,可以明显看出,当模拟时间为 1 800 s,高度为 4 m 时,模型一的能见度要高于模型二的能见度,这主要是模型一开孔率大,烟气排出效率高,所以能见度受烟气影响小,由云图面积也可直观对比出,模型一的受影响程度低。并且根据图 3-41,

模型一的安全区域要高于模型二，模型二有小部分危险区域位于邻近火源的两组排烟风孔外，但面积很小；而模型一的 10 m 等值面范围则全部位于两组风孔内。由图 3-42 可知，两者温度分布差别不大。

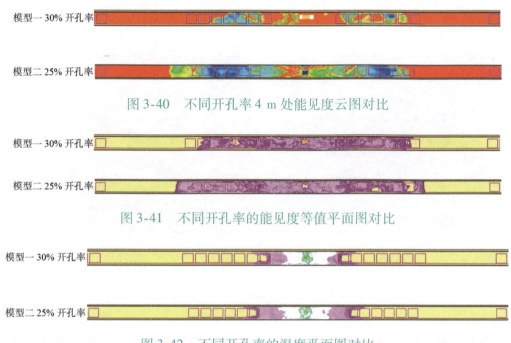

图 3-40　不同开孔率 4 m 处能见度云图对比

图 3-41　不同开孔率的能见度等值平面图对比

图 3-42　不同开孔率的温度平面图对比

综上，对比分析可知，开孔率主要影响烟气的扩散效率，开孔率越大，烟气扩散越快，能见度越高，当开孔率为 25% 和 30%，能见度限值以及温度分布限值都处于火源邻近的两组风孔内，两组风孔外的消防车道区域皆为安全区域，都能满足人员生命安全需要，但开孔率 30% 的情况下，4 m 清晰高度的能见度要明显大于开孔率 25% 的同区域，所以在外部条件允许的情况下，考虑一定的安全系数，可以尽量推荐开孔率较大的方案。

（2）开孔分布的影响

模型二和模型三的对比如图 3-43、图 3-44、图 3-45、图 3-46、图 3-47 所示。

图 3-43　不同开孔分布 4 m 处能见度云图对比

图 3-44 不同开孔分布能见度等值面图对比

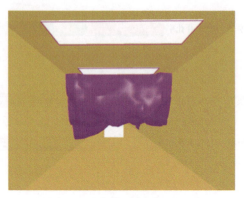

图 3-45 不同开孔分布能见度等值面剖面图对比

由图 3-43 可知，对于模型三来说，由于开孔均匀分布，烟气可沿距离最近的排烟风孔流出，模型二由于两组风孔之间存在间距，烟气本身会沿走道纵向扩散进行排烟，导致模型二的烟气扩散范围略大，但烟气主要在走道上层扩散，下层进行补风。由图 3-45 可知，模型三的烟气层更厚，相较于模型二的风孔分组设计，模型三的风孔均布设计会导致下层的疏散环境更差。

由图 3-46 和图 3-47 可知，两个模型温度整体分布差别不大，模型二温度等值面面积更大，模型三的列车顶部的温度要高于模型二，且列车两侧温度均能满足疏散要求。

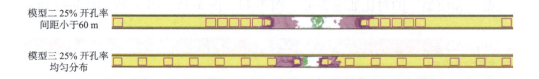

图 3-46 不同开孔分布温度等值面平面图对比

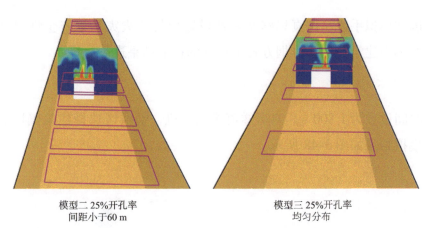

模型二 25%开孔率　　　　　　　　模型三 25%开孔率
间距小于60 m　　　　　　　　　　均匀分布

图 3-47　不同开孔分布温度剖面图对比

综上所述，不同风孔分布会对排烟效果产生影响，进而影响能见度和温度分布，风孔分组布置，烟气在上层扩散，新鲜空气在下层补充，下层的疏散区域环境较好，虽然风孔均匀分布会使火灾烟气影响区域更短，但是就近排烟会导致下层疏散区域的补风效应变差，局部烟气层更厚，不利于人员疏散，在条件允许时，推荐选择风孔分组设计。

6. 开孔率、开孔分布方式对比模拟结论

通过以上针对消防车道顶板开孔率25％和30％的排烟模拟对比，同样25％开孔率，大而疏与小而密的分布方式排烟模拟对比得出：分布方式相同情况下，开孔率越大，消防车道安全性越高，疏散及救援的条件越好；开孔率相同的情况下，大而疏的分布方式更有利于保证消防车道的安全性，为消防疏散及救援创造更好条件。

基于以上模拟结论，预想的消防车道开孔设计思路（30％开孔率，大而疏的孔洞分布方式）可行。用地限制的情况下，也可以采取25％的开孔率。

7. 总结

自然通风的模式较为可靠，在无其他可燃物的场景下，即便出现运维车辆等在建筑单体外空间起火的工况，地下停车场仍然能够满足人员安全疏散的要求。

3.2.6　咽喉区专项研究

本小节针对该区域不同的建筑分隔方式，开展了烟气扩散研究，为咽喉区的建筑构造与消防设施设置等提供参考。由于仅针对烟气扩散以及建筑分隔开展模拟仿真，因此模拟手段、仿真思路及参数设置均与"火灾场景安全性研究"保持一致，仅对不同建筑分隔和排烟方式下烟气的扩散结果进行分析。

1. 咽喉区不同轨道间设置分隔与否的影响分析

模拟时间设置为 1 800 s，关闭隧道排烟风机，咽喉区选择建筑隔墙和立柱两种形式，模拟结果如图 3-48 所示。

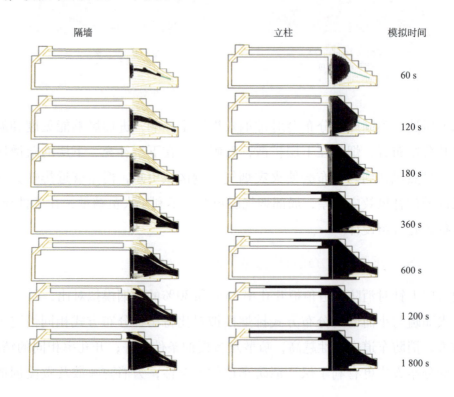

图 3-48　咽喉区不同建筑分隔烟气扩散模拟结果

由图 3-48 可知，不同的建筑分隔会直接影响烟气扩散，采用隔墙进行分隔的咽喉区，烟气扩散呈线形，在时间为 180 s 时，烟气扩散到隧道中，后续逐步扩散至整个咽喉区。而采用立柱分隔的咽喉区，烟气扩散呈扇形，扩散速度更快，在时间为 180 s 时，烟气逐渐扩散至整个咽喉区；时间为 360 s 时，烟气扩散到隧道，并逐步扩散到咽喉区上半部分。通过不同时段的烟气扩散对比，可以直观看出，采用立柱的形式，会使烟气扩散更快，扩散面积更广。

当烟气进入隧道时，隧道排烟风机会开启，将烟气从排风井中排出，因此将考虑开启隧道排烟风机并逐步达到稳定的状态，两种建筑分隔模拟结果如图 3-49 所示。

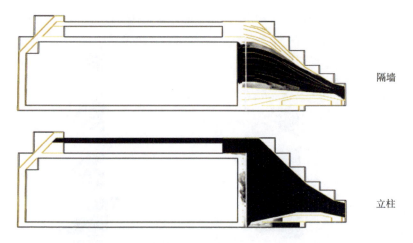

图 3-49　开启隧道风机稳定后烟气扩散模拟结果

对比发现，隧道风机稳定运行并排烟时，采用隔墙分隔的烟气扩散面积远小于采用立柱分隔的烟气扩散面积，说明隔墙分隔可以有效阻止烟气进一步扩散，加速烟气快速排出。

因此，在外部条件允许时，咽喉区应采用隔墙分隔的形式。

2. 咽喉区顶部自然排烟口的影响

为了加速咽喉区烟气的扩散，可以考虑在咽喉区顶部开洞的方式，设置自然排烟口来加速排烟，但目前并未有过相关研究，自然排烟口是否有助于烟气扩散没有定论。考虑到采用建筑分隔形式的情况下，设置自然排烟口的意义不大，会出现烟气被隔墙分隔，自然排烟口无法利用的情况，因此仅考虑对立柱分隔形式的咽喉区设置自然排烟口。

根据咽喉区的整体面积，按照最小自然排烟口的设置原则，设置 7 个自然排烟口，均匀布置在咽喉区顶部，将模拟火源位置设置在咽喉区的中间位置，模拟时间为 1 800 s，关闭隧道排烟风机，将模拟结果与同样是立柱分隔，但不设置自然排烟口的情况对比，如图 3-50 所示。

由图 3-50 可知，自然排烟口会直接影响烟气扩散，设置了自然排烟口的咽喉区，烟气在咽喉区的扩散更慢，部分烟气会沿着自然排烟口扩散。在时间为 60 s、120 s、180 s 时，未设置自然排烟口的工况下，咽喉区的烟气面积明显更大；在时间为 1 800 s 时，两种工况的烟气面积差距不大，但仍是设置了自然排烟口的工况下，烟气面积略小一些。因此，可以判断出，咽喉区采用立柱分隔的形式时，可以通过设置自然排烟口来加速排烟，并可以有效遏制烟气在咽喉区内部扩散。

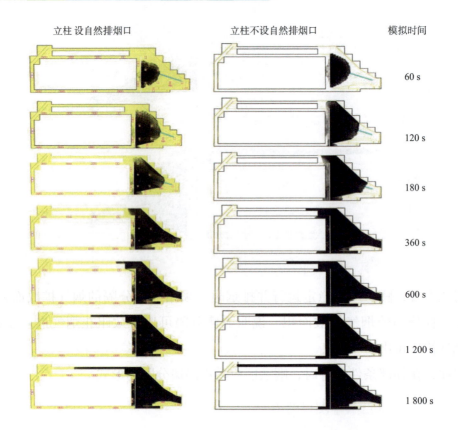

图 3-50　自然排烟口对咽喉区烟气扩散的影响

当烟气进入隧道时，隧道排烟风机会开启，将烟气从排风井中排出，因此将考虑开启隧道排烟风机并逐步达到稳定的状态，两种工况下的模拟结果如图 3-51 所示。

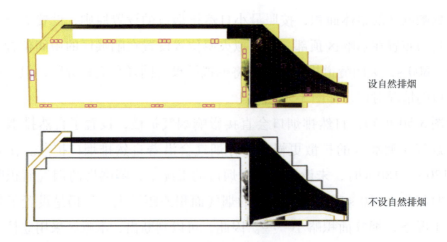

图 3-51　开启隧道风机稳定后烟气扩散模拟结果

对比发现，隧道风机稳定运行并排烟时，设置或者不设自然排烟口，对于烟气在咽喉区的扩散影响不大，但设置自然排烟口会导致烟气流动更加复杂，其原因有可能是隧道排烟风机与自然排烟口之间形成了短路，导致空气从自然排烟口进去，又被隧道风机抽出，自然排烟口此时变为补风口，会对烟气排出产生不利影响。

3. 结论

（1）停车场咽喉区选择隔墙分隔的形式，设置自然排烟口的意义不大。相较于立柱分隔的方式，尤其是不能设置自然排烟口的时候，咽喉区采取隔墙分隔的形式可以有效防止烟气扩散，使得烟气快速通过隧道风机排出。

（2）当咽喉区采用立柱分隔的形式时，在咽喉区顶部设置自然排烟口来加速烟气排出，能有效遏制烟气在咽喉区扩散，当不具备开设自然排烟口条件时，则需要通过开启隧道风机进行排烟，应结合盖上物业开发设计方案，确定合理的防排烟形式，优先采用自然通风及排烟，同一区域仅可采用一种排烟方式。

4. 总结

当咽喉区采用立柱分隔的形式时，条件允许的情况下，应尽量在咽喉区顶部设置自然排烟口。咽喉区顶部不具备开口的情况下，宜优先考虑隔墙分隔的方式。

在咽喉区顶部未设置自然排烟口（不设置机械排烟设施），其他消防设施也不能控制空载列车本体在咽喉区持续燃烧的情况下，经过模拟，单体建筑内的人员可以安全撤离。因咽喉区不停靠其他列车，也无其他可燃物，不会扩大火灾损失。

3.2.7 特殊消防设计评审

1. 评审意见

受广东省住房和城乡建设厅委托，2020年5月15日，深圳市住房和建设局在深圳市组织召开了"深圳市轨道交通14号线福新停车场工程特殊消防设计专家评审会"。来自科研、设计等单位的7名专家组成了专家组，专家组听取了中国铁路设计集团有限公司对该项目消防设计概况的介绍，并进行了深入探讨。经讨论，专家组一致认为该项目消防设计基本可行，并提出以下意见：

（1）地面道路系统应能确保消防车到达消防电梯入口。

（2）主变电所、运用库边跨应设置消防电梯。

（3）排烟口、消防补风口和采光通风口的距离应满足规定。

（4）咽喉区与洗车线、咽喉区与消防车道之间应设置不小于1.6 m高的挡烟垂壁。

（5）疏散指示系统应能满足规范对借用防火分区疏散的手动、自动控制要求。

2. 意见落实情况

（1）福新停车场设置于地下一层，地面恢复为公园。地面消防车道与公园园区景观道路系统结合设置，确保消防车能到达消防电梯入口。在与公园设计单位的配合中已将此条意见落实。

（2）已按意见执行。主变电所、运用库边跨共设置4部消防电梯以满足消防要求。

（3）经过核实排烟口、消防补风口和采光通风口的距离满足《建筑防烟排烟系统技术标准》（GB 51251—2017）等规定。

（4）已按意见执行。在洗车线与咽喉区之间设置2m高的挡烟垂壁，其余满足要求。

（5）已按此要求进行设计，具体设计内容如下：

停车场设置一套消防应急照明和疏散指示系统，对停车场及半个停车场出入场线的疏散照明及疏散指示灯进行配电及控制。本系统采用集中电源集中控制型系统，包括应急照明控制器、A型应急照明集中电源、应急照明灯具、疏散指示灯、通信总线等。系统各设备及灯具等均具有独立地址码，可与控制器通过总线进行通信。本系统控制器可不间断对系统设备及灯具进行巡检。当任一设备发生故障时，控制器发出声光报警信号。应急照明控制器安装于消防控制室，在各照明配电室、运用库及疏散通道处设置A型应急照明集中电源。应急照明灯具采用DC 36 V。在运用库、出入口通道、消防车道、设备区走道、楼梯间及区间隧道、消防控制室、照明配电室、环控电控室、消防泵房、变电所变配电室等处设置疏散照明灯、疏散指示灯及安全出口灯。A型应急照明集中电源由就近消防负荷双切箱提供电源，电源箱输入AC 220 V，输出DC 36 V。电源箱内自带蓄电池作为备用电源，蓄电池容量满足90 min供电的需要。同时在各集中电源箱处设置手动控制按钮以满足手动控制要求。

3.3 工程建设与实施

3.3.1 消防设计实施方案

1. 建筑防火分隔、安全疏散与救援

（1）消防车道

①概述

停车场的道路出入口设有 2 处，分别位于停车场东、西侧，东端道路接入福田村福新坊福新街，并通过福新街与福华路连通；西侧道路上跨雨水箱涵后接入滨河皇岗立交辅道，最终连接皇岗路。出入场道路局部地段最大纵坡为 8%。

停车场内设置水泥混凝土路面环形主干道，主干道宽度为 7 m，局部设置消防疏散楼梯地段，宽度为 6.0 m 和 6.5 m。运用库、调机库、洗车库、主变电所以及其他生产管理用房均能通过主干道连通。牵引变电所设 4 m 宽尽头式支路，与主干道连通，并在尽头设置回车场。运用库、调机库库前以及洗车库库前、库后均设置了平过道。

福新停车场地面为公园绿地，北侧出入口连通福田村福新街，具备消防车应急停靠条件。停车场地面共设置 4 部消防电梯与地面连通。后续地面消防通道与公园园区道路系统结合设置，确保消防车能直达消防电梯入口。消防车道总平面图如图 3-52 所示。

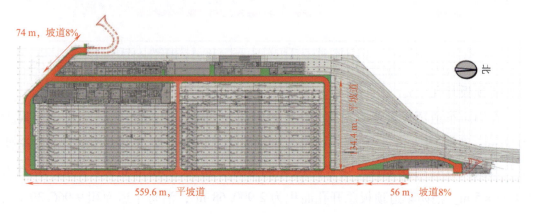

图 3-52　消防车道总平面图

②基础数据

平面尺寸：

环形车道区域：宽 7 m，局部为 6 m 或 6.5 m；尽端车道：4 m，回车场 12 m×12 m。

净空尺寸：大于 5 m。

出入口坡度：小于 8%。

消防车道面积：9 966.39 m² （图中红色区域）。

转弯半径：满足 12 m 转弯需求。

③防火分隔

消防车道与四周通过防火墙、防火门窗及防火水幕、挡烟垂壁分隔。

库中通道共有 8 处伸缩门，火灾工况下开启；库前、库中通道最上和最下均设置了电动伸缩门。消防车道库前、库中布置与周围防火分隔如图 3-53 所示。

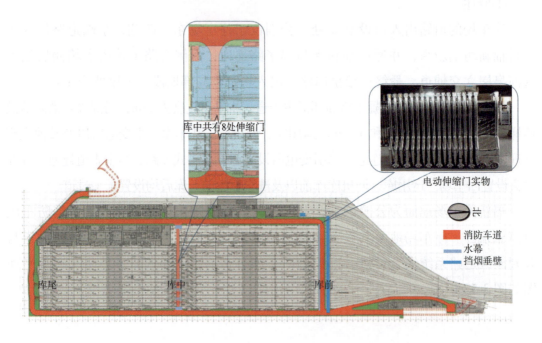

图 3-53　消防车道库前、库中布置及与周围防火分隔

④顶板开孔

在消防车道顶板设置采光通风井，每两组之间的孔边间距不大于 60 m（最大 59.2 m，最小 15.6 m），增强车道自然排烟能力，以保证其在灭火救援时的安全使用及人员疏散时的安全性。采光通风井的尺寸，最大为 46.8 m×9.2 m，最小为 6.8 m×5 m。消防车道顶板总开孔面积为 2 990.68 m²，消防车道面积 9 966.39 m²，开孔率为 30%。消防车道顶板开孔率、剖面如图 3-54 所示。

⑤安全出口

消防车道设置 15 个安全出口，其中 9 个独立服务消防车道及运用库、3 个为与其他用房防火分区共用，3 个通过独立走道与运用库以外防火分区的直出地面楼梯间或者下沉庭院连通。安全出口之间的间距不大于 120 m。安全出口楼梯间均为防烟楼梯间，前室设置加压送风系统，送风系统进风口与地面敞口、楼梯口间距均不小于 20 m。消防车道安全出口如图 3-55 所示。

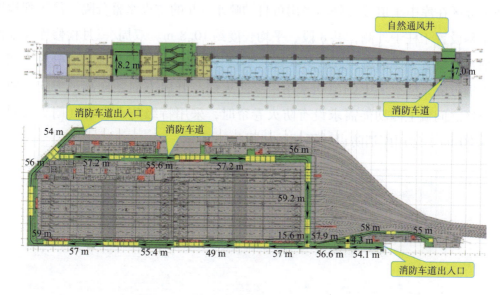

图 3-54　消防车道顶板开孔平、剖面图

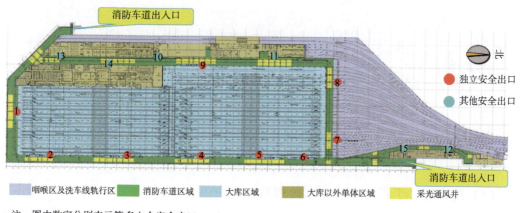

注：图中数字分别表示第多少个安全出口。

图 3-55　消防车道安全出口图

（2）运用库

运用库按戊类厂房考虑，通过防火墙、甲级防火门窗及防火水幕将运用库与外部进行防火分隔。综合考虑一次启动防火水幕量大小及使用功能，将运用库划为 2 个防火分区，停车列检库区域划分为第 1 防火分区，面积为 39 952 m²，通过边跨区 1 部楼梯、运用库区 6 部楼梯、消防车道进行疏散，或借用第 2、5、6、7 防火分区进行疏散。双周/三月检及临修线区域划分为第 2 防火分区，面积

为 6 566 m²，通过运用库区 1 部楼梯、消防车道进行疏散，或借用第 1 防火分区进行疏散。

因地铁列车进出要求与消防车通行要求，运用库库前及库中东西两侧、库内 2 个防火分区在库中车道分界处均采用可自动喷水 3 h 的防火水幕分隔，停车列检库库前水幕设置于柱子外侧，共 8 段，平均长度约 10.8 m。双周/三月检修库及临修库库前水幕设置于库前墙中间，共 3 段，平均长度约 4.6 m。其他防火分区之间采用防火墙分隔，防火墙上的门均采用甲级防火门，开启方向朝向疏散方向。两个防火分区之间墙上因功能需求设有防火卷帘时，采用特级防火卷帘（耐火极限不低于 3.00 h）。运用库消防设计平面图如图 3-56 所示。

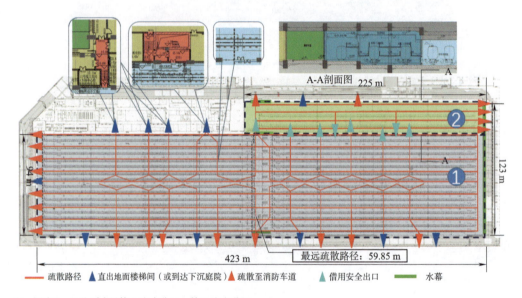

注：图中 1、2 分别表示第 1 防火分区、第 2 防火分区。

图 3-56　运用库消防设计平面图

（3）洗车库、工程车库和废水处理站

洗车库、工程车库和废水处理站按丁类厂房考虑，划分为 3 个防火分区（洗车库为第 13、22 防火分区；工程车库和废水处理站为第 14 防火分区），通过防火墙、甲级防火门窗及防火水幕将其与外部进行防火分隔，面积分别为 784 m²、916 m²、1 452 m²。工程车库库前水幕设置于库前柱子外侧，共 1 段，长度约 12.4 m。第 13 防火分区通过洗车库及工程车库区 1 部楼梯和借用第 14 防火分区进行疏散。第 14 防火分区通过洗车库及工程车库区 1 部楼梯和借用第 13 防火分区进行疏散。第 22 防火分区通过洗车库及工程车库区两部楼梯进行疏散。工程车库、调机库、洗车库、废水处理站消防设计平面图如图 3-57 所示。

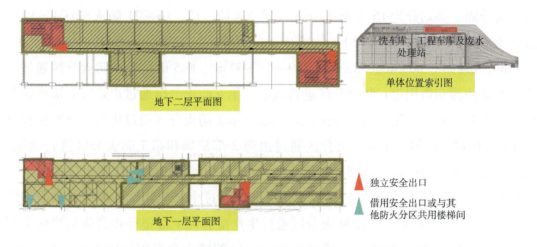

图 3-57　工程车库、调机库、洗车库、废水处理站消防设计平面图

(4) 主变电所和牵引变电所

主变电所和牵引变电所按丁类厂房考虑，划分为 3 个防火分区（主变电所为第 3 防火分区，主变电所夹层为第 23 防火分区，牵引变电所为第 4 防火分区），通过防火墙和甲级防火门窗将其与外部进行防火分隔，面积分别为 1 591 m²、1 622 m²、1 081.39 m²。第 3 防火分区通过边跨两部楼梯进行疏散。第 4 防火分区通过牵引变电所区两部楼梯进行疏散。第 23 防火分区通过边跨 1 部楼梯和第 3 防火分区进行疏散。主变电所、牵引变电所消防设计平面图如图 3-58 所示。

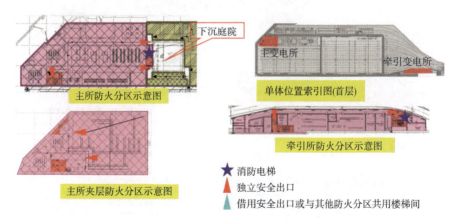

图 3-58　主变电所、牵引变电所消防设计平面图

(5) 边跨及生产配套用房区

设备管理用房区根据《建筑设计防火规范（2018 年版）》（GB 50016—2014）中民用建筑划分，每个防火分区面积均不大于 1 000 m²。

设备管理用房区按民用建筑考虑，通过防火墙及甲级防火门窗将其与外部进行防火分隔，共划分为 15 个防火分区（第 5~12、15、16~21 防火分区），面积分别为 659 m²、850 m²、720 m²、926 m²、469 m²、955 m²、941 m²、919 m²、290 m²、954 m²、603 m²、933 m²、789 m²、900 m²、865 m²。第 5 防火分区通过边跨区 1 部楼梯和借用第 6 防火分区进行疏散。第 6 防火分区通过边跨区 1 部楼梯和借用第 5 防火分区、第 7 防火分区进行疏散。第 7 防火分区通过边跨 1 部楼梯和第 8 防火分区进行疏散。第 8 防火分区通过边跨 2 部楼梯和第 7 防火分区进行疏散。第 9 防火分区通过边跨 1 部楼梯和第 8 防火分区进行疏散。第 10 防火分区通过生产配套区的 2 部楼梯进行疏散。第 11 防火分区通过生产配套区 1 部楼梯和借用第 12 防火分区进行疏散。第 12 防火分区通过生产配套区 1 部楼梯和消防泵房区 1 部楼梯进行疏散。第 15 防火分区通过消防泵房区部楼梯和借用消防车道进行疏散。第 16 防火分区通过边跨 1 部楼梯和借用第 17 防火分区进行疏散。第 17 防火分区通过边跨 1 部楼梯和借用第 16 防火分区进行疏散。第 18 防火分区通过边跨 1 部楼梯和借用第 19 防火分区进行疏散。第 19 防火分区通过边跨 1 部楼梯进行疏散。第 20 防火分区通过生产配套区 1 部楼梯和借用第 21 防火分区进行疏散。第 21 防火分区通过生产配套区 1 部楼梯和消防泵房区部楼梯进行疏散。生产配套用房消防设计和边跨消防设计如图 3-59、图 3-60 所示。

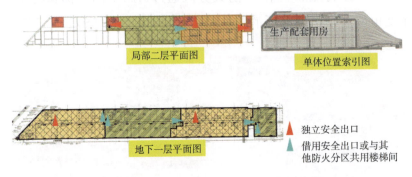

图 3-59　生产配套用房消防设计平面图

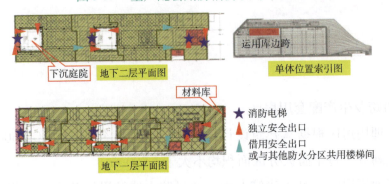

图 3-60　边跨消防设计平面图

2. 防排烟

(1) 防排烟设置区域

按照规范要求设置防排烟系统：大系统（停车列检库、检修库以及双周/三月检库）、小系统（停车场的设备管理用房）、隧道通风系统（14 号线出入场线、牵出线及 11 号线入场线）。

(2) 防排烟系统设计

停车列检库、双周/三月检库、检修库参照《地铁设计防火标准》（GB 51298—2018）及《建筑防烟排烟系统技术标准》（GB 51251—2017）进行防排烟设计。排烟量按《地铁设计防火标准》（GB 51298—2018）确定。

停车列检库划分为一个防火分区，与周边消防车道通过防火墙及水幕分隔。停车列检库板下高度 7.0 m，划分为 24 个防烟分区，每个防烟分区最长边长度均不超 60 m；每个防烟分区的计算排烟量为 191 000 m^3/h，安全系数取 1.2，每个防烟分区共设置 3 台排烟风机，设备排烟量为 76 400 m^3/h，风压为 1 000 Pa。

双周三月检库、检修库划分为一个防火分区，划分为 4 个防烟分区，其他同停车列检库。

材料库、工程车库参照《建筑防烟排烟系统技术标准》（GB 51251—2017）进行防排烟设计。材料库划分为一个防火分区，与周边消防车道、大库通过防火墙分隔。排烟量按《建筑防烟排烟系统技术标准》（GB 51251—2017）确定。

材料库板下高度 8.2 m，划分为 1 个防烟分区，防烟分区最长边长度不超 60 m；防烟分区的计算排烟量按《建筑防烟排烟系统技术标准》（GB 51251—2017）确定，计算排烟量为 100 000 m^3/h，安全系数取 1.2，设置 1 台排烟风机，设备排烟量为 120 000 m^3/h，风压为 800 Pa。工程车库划分为一个防火分区，板下高度 7.0 m，计算排烟量为 96 000 m^3/h，安全系数取 1.2，设置 1 台排烟风机，设备排烟量为 115 200 m^3/h，风压为 800 Pa。

主变电所、牵引变电所、停车列检库边跨用房、生产配套用房、洗车库边跨附属用房按《建筑防烟排烟系统技术标准》（GB 51251—2017）设计。

停车场牵出线区域设计采用横向排烟方式，计算排烟量按《地铁防火设计标准》（GB 51298—2018），计算排烟量为 191 000 m^3/h；当牵出线区域发生火灾时启动隧道风机房内一台 TVF 风机（风量 324 000 m^3/h）进行排烟，由附近消防车道上方通风采光井进行自然补风。

14 号线出入场线设置 2 台 TVF 风机（风量 324 000 m^3/h）及 2 组 4 台可逆转

射流风机（风量 38 880 m³/h）。当出入线区间列车发生火灾时，启动对停车场 2 台 TVF 风机（风量 324 000 m³/h）、区间内可逆转射流风机，将烟气就近排出区间。

预留 11 号线入场线预留设置 2 台 TVF 风机（风量 324 000 m³/h），当 11 号线入场线区间列车发生火灾时，启动对停车场 2 台 TVF 风机（风量 324 000 m³/h）、区间内逆转射流风机，将烟气就近排出区间。

其他疏散楼梯设计参照《建筑防烟排烟系统技术标准》（GB 51251—2017）设置机械加压送风系统。

（3）防排烟系统及设施控制方式

防排烟系统控制包括停车、列检库排烟系统，设备管理用房通风空调系统。防排烟系统由中央控制、车站控制和就地控制三级组成。

中央控制设在控制中心；停车场车站级控制设置在消防控制室，对停车场和管辖区内各种通风空调设备进行监控，向中央控制室系统传达送信息，并执行中央控制室下达的各项命令；就地控制设置在环控电控室，由现场控制箱组成。

（4）通风空调系统的防火措施

防火阀除特别说明外均应靠近楼板或墙体安装，间距不大于 200 mm，并设有独立的支吊架，以防在火灾发生时因风管变形而影响阀门性能。同时为方便检修，不应安装在电器设备的上方。

所有穿越墙体及楼板的管道敷设后，及组合风阀安装后，其孔洞周围用与墙体耐火等级相同的不染材料密封。穿楼板的孔洞应设砼挡水圈。

风管穿过防火隔墙、楼板和防火墙时，穿越处风管上的防火阀、排烟防火阀两侧各 2.0 m 范围内的风管外壁应采取防火保护措施（防火板包覆），且耐火极限不应低于该防火分隔体的耐火极限。

3. 消防给水和灭火设施

（1）消防水源

停车场消防用水由市政供给，室外消火栓系统、室内消火栓系统用水均利用市政管网供给。喷淋系统及水幕系统设置消防泵房和消防水池，利用消防泵加压方式供水，消防水池有效容积 2 636 m³。

（2）消防水泵房

消防泵房内设置 3 台喷淋泵，2 台稳压泵。物资库着火时，启动 2 台喷淋泵；其余单体着火时，启动 1 台喷淋泵。同时各设置 1 台备用泵和 1 个隔膜式气压罐

（罐内工作压力比 0.80，气压罐标定容积 150 L）。

(3) 消火栓系统

停车场室外消火栓利用市政管网直供，室内消火栓通过消防水池和消防泵房加压供给。

(4) 自动喷水灭火系统

洗车库、工程车库及设备管理用房区按中危险级 II 级设置喷淋系统，喷水强度为 8 L/(m^2·min)，作用面积为 160 m^2。列检库净空高度超过 8 m 低于 12 m，所以采用厂房高大空间场所相关参数进行设计，喷水强度为 15 L/(m^2·min)，作用面积为 160 m^2，设计喷水时间均按 1 h 计。物资总库按仓库危险级 II 级设置喷淋系统，采用早期抑制快速响应喷头 K202，喷头最低工作压力 0.5 MPa，按作用面积内开放 12 只喷头计算，设计流量 90 L/s，设计喷水时间按 1 h 计。

停车场自动喷水灭火系统共设 9 组湿式报警阀，每个防火分区均设有水流指示器和信号阀，防火区内的喷头采用快速响应喷头。

(5) 水幕系统

停车场设置水幕系统。停车场水幕系统共设 8 组雨淋阀组，每 1 组雨淋阀组为一个控制单位，喷头采用开式洒水喷头，喷头布置为 2 排，喷头最小工作压力为 0.1 MPa，每个防火分隔水幕均设有压力开关和信号阀。

(6) 气体灭火系统

地下停车场的弱电电源室、环控电控室、蓄电池室、高压控制室、35 kV 开关柜室、整流变压器室、1.5 kV 直流开关柜室、0.4 kV 开关柜室、跟随变电所均设置气体灭火系统保护。采用 IG-541 为气体灭火系统的灭火剂。

(7) 灭火器的设置

停车场设置手提灭火器，灭火器的配置按国家现行《建筑灭火器配置设计规范》有关要求确定。灭火器采用磷酸铵盐干粉灭火器，手提式灭火器配置场所的危险等级均按严重危险级计算。

停车场照明配电室设置悬挂式超细干粉自动灭火装置，悬挂式超细干粉自动灭火装置的危险等级按中危险等级计算。设计浓度为 150 g/m^3，照明配电室均设置 6 kg 规格的悬挂式超细干粉自动灭火装置。

4. 其他消防设施

其他消防设施设置标准争议性不大，在此不细述。

3.3.2 消防审查

2020年12月21日,深圳地铁14号线福新停车场工程消防设计文件顺利通过消防设计审查,审查结论为合格。

3.3.3 建设成果

1. 停车列检库

福新停车场为单层库,设列检停车库线16股、32列位。库内梁底净空7.0 m,车库长427.1 m,宽92.85 m。库内股道均采用高架型式,下沉地面标高为-1.10 m。入库端柱式检查坑长192 m;库尾端柱式检查坑长201.2 m,宽1.2 m,深1.4 m。停车列检库如图3-61所示。大库中间设有地下联络通道,满足检修作业人员通行要求。

图3-61 停车列检库

2. 双周/三月检修库、临修库

双周/三月检、临修库由2个1线跨(双周/三月检线)和1个1线跨(临修线)组成,库内梁底净空高度为8.2 m,为2列位双周/三月检和1列位临修。双周/三月检修库、临修库分别如图3-62、图3-63所示。

图 3-62 双周/三月检修库

图 3-63 临修库

库内双周/三月检线股道采用高架形式,下沉地面标高为 -1.10 m,库内设柱式检查坑长 203.4 m,宽 1.2 m,深 1.4 m。双周/三月检线每股道间设双层作业检修平台,靠近柱子一侧设单层作业检修平台,平台上方设置作业安全防护网。

临修线设单层登顶作业平台,满足全列登顶作业需求。库内上方设 1 台 5 t 电动单梁桥式起重机,不设接触网。

3. 洗车库

洗车库由洗车主库和边跨两部分组成,其中洗车主库长 60 m,宽 9 m,梁底净空不小于 8.2 m。边跨设于洗车主库东侧,长 60 m,宽 18 m,内设洗车机控制室、机械设备间等。洗车库如图 3-64 所示,洗车线如图 3-65 所示。

图 3-64　洗车库

图 3-65　洗车线

4. 工程车库

工程车库由 1 个 2 线跨组成，宽 17.2 m，长 36 m。库内每股道均设长 28 m、宽 1.2 m、深 1.5 m 的壁式检查坑。车库西端边跨设司机值班室、维修工班、检修间和备品间等辅助用房，配置 2 台调车机车。工程车库如图 3-66 所示。

5. 废水处理站

废水处理站紧挨洗车库设置，长 27.65 m，宽 9.85 m，如图 3-67 所示。

6. 主变电所

主变电所长 60 m，宽 29.85 m，为地下二层，为 110 kV 变电所。主变电所如图 3-68 所示。

图 3-66　工程车库

图 3-67　废水处理站

7. 牵引变电所

牵引变电所位于运用库东北部，咽喉区东侧，为地下二层，长 96.9 m，宽 11.6 m，使用功能为变配电室、开关柜等。牵引变电所如图 3-69 所示。

8. 生产配套用房

生产配套用房区位于场区西南侧，为地下二层，长 156.5 m，宽 19.2 m。一层主要为厨房、配餐间、餐厅、值班室、乘务司机公寓、卫生间等用房。二层主要为会议室、培训室、办公室、值班室、洗浴室、更衣室等用房。生产配套用房的餐厅、走廊分别如图 3-70、图 3-71 所示。

图 3-68　主变电所

图 3-69　牵引变电所

图 3-70　生产配套用房——餐厅

图 3-71　生产配套用房——走廊

9. 运用库边跨

运用库边跨位于运用库西南侧端跨内，长 190.4 m，宽 29.05 m，采用双层布置。一层主要为生产用房屋，二层主要为办公房屋。边跨区域设置下沉庭院。运用库边跨的下沉庭院和 DCC 如图 3-72 和图 3-73 所示。

图 3-72　运用库边跨——下沉庭院

10. 消防泵房

消防泵房位于场区西侧，生产配套区北侧，为地下一层，长 18.9 m，宽 12.6 m，如图 3-74 所示。

图 3-73 运用库边跨——停车场控制中心（DCC）

图 3-74 消防泵房

11. 消防设施

（1）楼梯间

福新停车场地面共设置 3 组地面楼梯间，因楼梯间紧挨排风井或新风井，故设置为封闭式，隐于绿化中，如图 3-75 所示。

（2）敞口楼梯

为了降低对公园景观的影响，福新停车场多组疏散楼梯地面设置为敞口形式，如图 3-76 所示。

（3）消防电梯

福新停车场共设置 4 组消防电梯，分布在主变电所及运用库边跨等危险性较高或人员较为集中的区域，如图 3-77 所示。

图 3-75　地上楼梯间在公园景观中消隐

图 3-76　地上敞口楼梯间消隐在景观中

图 3-77　地上消防电梯间

（4）前室

防烟楼梯间及其前室设置防烟设施，如图 3-78 所示。

图 3-78　消防电梯间前室

（5）下沉庭院

福新停车场共设置 2 个下沉庭院，均位于运用库边跨区域，给人员集中区域提供了良好的疏散及采光通风条件，如图 3-79 所示。

图 3-79　下沉庭院在公园景观中消隐

（6）采光通风井

福新停车场消防车道顶板共设置 13 组采光通风井，孔边间距不大于 60 m（最大 59.2 m，最小 15.6 m），增强车道自然排烟能力，以保证其在灭火救援时的安全使用及人员疏散时的安全性。采光通风井的尺寸，最大为 46.8 m×9.2 m，最小为 6.8 m×5 m。消防车道顶板总开孔面积为 2 990.68 m²，开孔率为 30%。地上采光通风井如图 3-80 所示。

图 3-80　地上采光通风井

（7）消防车道

停车场的道路出入口设有 2 处，分别位于停车场东、西侧。环形消防车道宽度最窄为 6.5 m，高度最低为 5 m。消防车道地上出口如图 3-81 所示，可供消防车通行的库中通道如图 3-82 所示，消防泵房直通消防车道实景如图 3-83 所示。

(a) 消防车道地上出口

（b）消防车道地上出口地面景观化处理

图 3-81　消防车道地上出口及地面景观化处理实景

图 3-82　库中通道可供消防车通行

图 3-83　消防泵房直通消防车道

(8) 防火分隔

防火分隔采用防火墙、自动喷水 3 h 的防火水幕、特级防火卷帘、甲级防火门窗进行分隔。防火门、防火窗、特级防火卷帘如图 3-84 所示，消防车道与停车列检库之间消防水幕如图 3-85 所示。

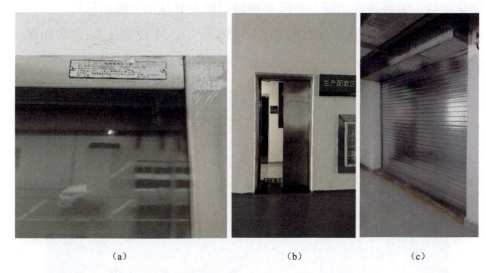

（a） （b） （c）

图 3-84　防火门、防火窗、特级防火卷帘

图 3-85　消防车道与停车列检库之间消防水幕

3.3.4　社会效益及评价

2023 年年底，本项目上方的深圳市中心公园一期工程示范段正式开放，示范段东临福田河，西靠皇岗路，南接滨河大道，占地面积约 4.6 万 m²，为提升整体生态环境和给市民提供更好的游憩场所并注入新活力[17]。

福新停车场充分考虑地上公园设计的灵活性，将地面建构筑物数量减到最少。地上公园设计充分结合地下停车场出地面建构筑物的体量与形式，将其融入到整体公园方案中。地下地上两个项目密切配合，双方建设单位与设计单位从更大的城市角度出发去考虑各自项目的取舍，最终打造出了先行示范区背景下的地下地上一体化设计，兼顾地铁功能与公园景观的国际友好城市公园新标杆。

福新停车场项目建设实施过程如图 3-86 所示，建设完工后实景如图 3-87、图 3-88、图 3-89 所示。

图 3-86　建设实施过程

图 3-87　建设完工后实景一

图 3-88 建设完工后实景二[18]

(a)

(b)

(c)

(d)

图 3-89　建设完工后实景三

4 总结与展望

4.1 总结

2020年之后,在《地铁设计防火标准》(GB 51298—2018)的基础上,对地下停车场的消防设计进行专项规定的地方标准不断增加,本章将摘编国家和地方标准的相关条款,并结合前述深圳14号线福新停车场消防设计实践,简要总结并归纳以提高火灾时人员生还率为重点的地下停车场防火设计要点。总结内容以防排烟和疏散安全为主。

4.1.1 相关技术标准

为了使读者快速熟悉地下停车场常用的防火设计标准,在此将国家和地方标准中有关上盖或者地下车辆基地,与防排烟和疏散安全相关的专项条文做一摘抄整理,方便读者查阅。

1. 国家标准

(1)《地铁设计防火标准》(GB 51298—2018)

3.3.4 车辆基地不宜设置在地下。当车辆基地的停车库、列检库、停车列检库、运用库、联合检修库等设置在地下时,应在地下设置环形消防车道;当库房的总宽度不大于75 m时,可沿库房的一条长边设置地下消防车道,但尽头式消防车道应设置回车道或回车场,回车场的面积不应小于15 m×15 m。

地下消防车道与停车库、列检库、停车列检库、运用库、联合检修库之间应采用耐火极限不低于3.00 h的防火墙分隔。防火墙上应设置消防救援入口,入口处应采用乙级防火门等进行分隔。

4.1.7 车辆基地建筑的上部不宜设置其他使用功能的场所或建筑,确需设置时,应符合下列规定:

1 车辆基地与其他功能场所之间应采用耐火极限不低于3.00 h的楼板分隔;

2 车辆基地建筑的承重构件的耐火极限不应低于3.00 h,楼板的耐火极限不应低于 2.00 h。

4.5.4 地下停车库、列检库、停车列检库、运用库和联合检修库等场所应单独划分防火分区，每个防火分区的最大允许建筑面积不应大于 6 000 m²；当设置自动灭火系统时，每个防火分区的最大允许建筑面积不限。

5.5.3 地下停车库、列检库、停车列检库、运用库和联合检修库等场所内每个防火分区的安全出口不应少于 2 个，并应符合下列规定：

1 当室内外高差不大于 10 m 时，平面上有 2 个或 2 个以上的防火分区相邻布置时，每个防火分区可利用一个设置在防火墙上并通向相邻防火分区的甲级防火门作为第二个安全出口，但必须至少设置一个直通室外的安全出口。

2 采光竖井或进风竖井内设置直通地面的疏散楼梯，且通向竖井处设置常闭甲级防火门的防火分区，可设置另一个通向室外或避难走道的安全出口。

5.5.4 地下停车库、列检库、停车列检库、运用库和联合检修库的室内最远一点至最近安全出口的疏散距离不应大于 45 m，当设置自动灭火系统时，不应大于 60 m。

5.5.5 车辆基地和其建筑上部其他功能场所的人员安全出口应分别独立设置，且不得相互借用。

8.2.7 车辆基地的地下停车库、列检库、停车列检库、运用库和联合检修库、镟轮库、工程车库等场所应设置排烟系统。

（2）《建筑防火通用规范》（GB 55037—2022）[21]

4.4.4 在地铁车辆基地建筑的上部建造其他功能的建筑时，车辆基地建筑与其他功能的建筑之间应采用耐火极限不低于 3.00 h 的楼板分隔，车辆基地建筑中承重的柱、梁和墙体的耐火极限均不应低于 3.00 h，楼板的耐火极限不应低于 2.00 h。

2. 地方标准

（1）上海《城市轨道交通上盖建筑设计标准》（DG/TJ 08-2263—2018）[22]

8.3.1 上盖建筑与车站、车辆基地应按各自相应规范要求独立设置人员疏散通道和安全出口，不得相互借用。两者的出入口口部间距不应小于 5 m；两者间的连通口和上、下联系楼梯或扶梯不得作为相互间的安全出口。

8.3.2 板地下部车辆基地内任一部位至安全出口或准安全区的直线距离不应大于 90 m；当符合下列要求时，车辆基地内的内部通道可视为准安全区域进行人员疏散；

1 宽度不小于 9 m。

2 两侧均采用耐火等级不低于 1.00 h 的防火隔墙及乙级防火门、窗与其他区域分隔。

3 设置不少于2个直通室外地坪、板地或上盖平台的安全出口，安全出口间距不大于180 m，安全出口宽度不小于1.4 m。

4 自然通风、采光或设置机械通风。

（2）北京《城市轨道交通车辆基地上盖综合利用工程设计防火标准》（DB11/1762—2020）[23]

4.2.2 板地上、下方建筑应由板地结构层完全分隔，车辆基地的人员出入口、采光窗、消防车道开口、风井确有困难需在板地上方开设时，应符合下列规定：

1 人员出入口顶板结构耐火极限不应低于2.00 h，其他围护结构耐火极限不应低于3.00 h，与上盖建筑的防火间距应符合现行国家标准《建筑设计防火规范》GB 50016 的规定；

2 采光井井壁的耐火极限不应低于2.00 h；采光窗口、消防车道开口与耐火等级不低于一、二级的单、多层民用建筑的防火间距不应小于6 m，与高层民用建筑的防火间距不应小于9 m；

3 风井井壁的耐火极限不应低于2.00 h；当风亭独立设置时，风亭口部与耐火等级不低于一、二级的上盖建筑的防火间距不应小于6 m。

4.3.3 板地下方停车库、列检库、停车列检库、运用库、联合检修库、物资总库及易燃物品库周围应设置环形消防车道，确有困难时，可在库区与咽喉区之间设置有效宽度不小于4 m 的供消防车通行的道路，并应设置回车道或回车场。

4.3.4 板地下方车辆基地的消防车道应在顶部或侧部设置开口，开口的面积不应小于消防车道地面面积的25%，且宜均匀设置，间距不应大于60 m。消防车道开口中心与消防车道的距离不应大于板下该区域净空高度的2.8倍。

（3）成都《成都轨道交通设计防火标准》（DBJ51/T 163—2021）[24]

3.3.3 地下停车库、列检库、停车列检库、运用库、检修库与消防车道之间除满足轨道交通车辆限界要求的入库门洞外，其余均应采用防火墙、甲级防火门分隔。

4.2.5 当车辆基地采用全自动驾驶模式，消防车通行的道路穿越行车安全保护区的围栏时，应在围栏上设置可供消防车通行的门。门的启闭应纳入消防联动系统。

5.3.1 有上盖建筑的车辆基地内任一部位至安全出口或符合本标准第5.3.2条规定的基地内部道路的直线距离不应大于90 m。

5.3.2 当有上盖建筑的车辆基地内部道路符合下列规定时，可进行人员疏散：

1 宽度不小于9 m。

2 两侧均采用耐火等级不低于2.00 h的防火隔墙及乙级防火门、窗与其他区域分隔。

3 设置不少于2个直通室外地坪、上盖平台的安全出口,安全出口间距不大于180 m,宽度不小于1.4 m。

4 具备排烟条件。

(4) 西安市《轨道交通上盖车辆基地消防设计技术指南》(DB6101/T 3102—2021)[25]

4.0.9 上盖车辆基地的消防车道顶部或侧面应设置排烟口,其有效开口面积不应小于7 m宽消防车道地面面积的25%,且宜均匀设置,间距不应大于60 m。

4.0.10 消防车道上部自然排烟口与消防车道内边的最近水平距离不应大于板地下该区域净空高度的2.8倍。当侧面设置开口时,消防车道内边至板地边缘的距离不应大于板下该区域净空高度的2.8倍,且开口高度不应影响板下排烟要求。

4.0.12 下沉式上盖车辆基地的各单体根据《建筑设计防火规范》GB 50016及《地铁设计防火标准》GB 51298中的相关要求设置消防车道,消防车道上方宜全部敞开,且开口宽度不应小于13 m。当用地条件困难时,沿建筑两个长边的消防车道上方应全部敞开,局部可设置连桥。

(5) 江苏省《城市轨道交通车辆基地上盖综合利用防火设计标准》(DB32/T 4170—2021)[26]

5.2.4 板地下部消防车道顶部或侧部应为开敞形式,开敞面积不得小于消防车使用部分路面面积的25%,消防车道开口中心与消防车道的距离不应大于板下该区域净空高度的2.8倍。且宜均匀设置,间距不大于60 m。

5.2.5 可供消防车通行的道路宜采用自然排烟,当无法满足自然排烟条件时,应采用机械排烟系统,并应满足下列要求:

a) 盖下消防车道与库房采用耐火极限不低于3.00 h的防火隔墙或防火卷帘等措施分隔;

b) 该段消防车道的计算排烟量应按照《建筑防烟排烟系统技术标准》执行。

6.2.3 板地上、下方建筑应由板地结构层完全分隔,车辆基地的人员出入口、采光窗、消防车道开口、风井确有困难需在板地上方开设时,应符合下列规定:

a) 耐火等级为一、二级的高层建筑与盖板边缘、消防车道上方开口、板地下方非厂房区域开口、独立建造的非厂房区域风亭口部的退距不应小于9 m;

b) 耐火等级为一、二级的高层建筑及耐火等级不低于一、二级的高层建筑裙房与盖板边缘、消防车道上方开口、板地下方非厂房区域开口、独立建造的非厂房区域风亭口部的退距不应小于 6 m；

c）耐火等级为一、二级的高层建筑及耐火等级为一、二级的单多层建筑与板地下方厂房区域内的直接开口应执行《建筑设计防火规范》中民用建筑与丁、戊类厂房的退距要求。

7.1.4 当板地下方车辆基地各建筑物外墙与板地边缘或消防车道的距离不大于 30 m 时，可将板地下的库外区域或消防车道作为疏散的室外准安全区域。

9.1.1 盖下车辆基地库外轨行区不设置排烟设施。

9.1.6 板地下方疏散的室外安全区域不应设置排烟风机的出风口。

（6）广东省《轨道交通及枢纽防火设计标准》（DBJ/T 15-249—2023）[27]

4.4.5 段场综合体盖板下各相邻建筑之间的防火间距应符合现行国家标准《建筑设计防火规范》GB 50016 的规定，停车列检库、运用库、联合检修库、物资库等丙、丁、戊类生产、仓储建筑之间的防火间距应不小于 10 m。

4.4.9 当盖板覆盖车辆基地咽喉区及出入段线时，应采取措施避免正线地下出入段线烟气影响车辆基地。

4.4.10 地下消防车道与停车列检库、联合检修库之间应采用耐火极限不低于 3.00 h 的防火墙分隔。防火墙上应设置消防救援入口，入口处应采用甲级防火门等进行分隔；消防救援入口净宽度不应小于 1.0 m，间距不宜大于一列车长度。

5.4.2 当符合下列要求时，地面场段综合体的盖下消防车道可视为疏散安全区进行人员疏散及消防救援：

1 消防车道优先采用自然通风方式，在顶部或侧面设置开口，开口面积不应小于消防车道地面面积的 25% 且均匀布置；相邻开口边缘的水平距离不应大于 60 m。

2 当盖下消防车道无法满足自然通风条件时，应设置机械排烟设施。消防车道临近丁、戊类库房一侧设置不低于库房净高 20% 的挡烟垂壁，与其他类库房之间采用耐火极限不低于 1.00 h 的防火分隔措施。

5.4.3 当符合下列要求时，地下消防车道可视为疏散安全区进行人员疏散及消防救援：

1 消防车道顶部设置敞开式开口，开口面积不小于地面消防车道地面面积的 25%，且均匀布置；相邻开口边缘的水平距离不应大于 60 m。

2 消防车道直接通向室外地面的安全出口不应少于 2 个。

3 当地下消防车道无法满足自然通风条件时，应设置机械排烟设施；消防车道与库房之间采用耐火极限不低于 3.00 h 的防火分隔措施。

5.4.4 地下停车库、列检库、停车列检库、运用库和联合检修库等场所内每个防火分区的安全出口不应少于 2 个，并应符合下列规定：

1 当室内外高差不大于 10 m 时，每个防火分区可利用一个设置在防火墙上并通向相邻防火分区的甲级防火门作为第二个安全出口，但至少应设置一个直通 A 类安全区的安全出口。

2 采光竖井或进风竖井内设置直通地面的疏散楼梯，且通向竖井处设置常闭甲级防火门的防火分区，可设置另一个通向 A 类安全区的安全出口。

5.4.5 地下车辆基地消防车可以直接到达地下单体建筑开展救援作业时，可不设置消防电梯。

A.0.1 A 类安全区主要包括以下区域：

5 盖下或地下车辆基地具备自然通风条件的消防车道：设置在非轨行区但满足上方顶板开孔率不小于消防车道面积的 25%，且孔边距不大于 60 m，均匀布置；当消防车道上方顶板开口与消防车道错位时，消防车道开孔中心与消防车道的距离不应大于盖下该区域层高的 2.8 倍。

4.1.2 地铁地下停车场防火设计要点

1. 总平面布局与消防救援设施

（1）地下停车场应设置消防车道。消防车道除应符合现行国家标准的规定外，尚应符合下列规定：

①地下消防车道与市政道路连接的出入口不应少于 2 处。

②地下停车库、列检库、停车列检库、运用库周围应设置环形消防车道；当库房的总宽度不大于 75 m 时，可沿库房的一条长边设置地下消防车道，尽头式消防车道应设置回车道或回车场，回车场的面积不应小于 15 m×15 m。当库房各自总宽度大于 150 m 时，应在库房中间沿纵向可供消防车通行的道路。

③地下停车库、列检库、停车列检库、运用库每线列位在 2 列或 2 列以上时，宜在列位之间沿横向设置可供消防车通行的道路。

④当车辆基地采用全自动驾驶模式，消防车通行的道路穿越行车安全保护区的围栏时，应在围栏上设置可供消防车通行的门。门的启闭应纳入消防联动系统。

注：对于体量较大的各类车库，库内设置可供消防车通行的道路是为了沟通

不同方向的消防车道，便于消防车快速转换场地。消防车道同时作为疏散安全区域救援场地，防火设计标准较高，仅供消防车通行的道路不需采用同类标准。

与停车场交通空间（道路、咽喉区等）以防火墙进行分隔的功能空间按单体建筑进行消防设计。

（2）地下单体建筑临消防车道一侧防火分区应至少设置两个消防救援口，消防救援口间距不应大于 120 m。

注：单体建筑的疏散门可以作为消防救援口。

（3）消防车可直接到达并进行救援的地下单体建筑可不设置消防电梯。当室内外高差大于 10 m 时，办公生活区应至少设置 1 部消防电梯。

注：办公生活区人员相对密集，应考虑提高救援条件。

（4）地下各单体建筑之间的防火间距应符合现行国家标准《建筑设计防火规范》（GB 50016—2014）的规定。

注：地下各单体建筑之间按《建筑设计防火规范》（GB 50016—2014）的标准保持一定的间距主要是为了满足消防救援的要求。

（5）地下停车场确需在上方地面设置的人员出入口、风井、消防车道开口等部位，与相邻建筑之间的防火间距应符合现行国家标准《建筑设计防火规范》（GB 50016—2014）的规定。

（6）地下停车场各建筑单体外的区域仅限于交通通行，不得敞开式停放机动车与电动自行车。确需堆放车辆运营维修材料的，应符合下列规定：

①严禁堆放可燃物品。

②不得影响消防车的通行与救援行动。

2. 耐火等级、防火分隔与建筑构造

（1）地下建筑耐火等级均为一级；地下停车场上部不宜设置其他使用功能的场所或建筑，确需设置时，地下停车场与其他功能场所之间应采用耐火极限不低于 3.00 h 的楼板分隔；停车场的承重构件的耐火极限不应低于 3.00 h，独立建筑楼板的耐火极限不应低于 2.00 h。

（2）办公管理区应为独立建筑；运用库的运转办公区应单独划分防火分区。

（3）地下停车库、列检库、停车列检库、运用库和联合检修库等场所应单独划分防火分区并设置自动灭火系统，每个防火分区的最大允许建筑面积不限。

（4）建筑单体外墙应采用耐火极限不低于 3.00 h 的防火墙，墙上设置门窗时应采用甲级防火门（窗）。列车进出库的部位应采用 3.00 h 消防水幕或者其他等效措施处理。

（5）咽喉区宜沿轨道方向设置防火墙进行纵向分隔，每个区域内的轨道不宜超过2条。

注：咽喉区内进行分隔，一旦出现着火列车停靠的工况，可以延缓对整个区域的影响，利于司乘人员安全撤离，也便于利用出入段线内的排烟设施。如果咽喉区与出入段线交界处设置了自然通风口，可以不必附加分隔措施。

（6）消防车道与咽喉区之间应设置挡烟垂壁，挡烟垂壁的深度不应低于顶棚高度的20%。

注：消防车道与咽喉区之间设置挡烟垂壁，可延缓烟气对于疏散安全区的影响。

（7）作为疏散安全区的消防车道两侧宜设置挡烟垂壁，顶部开口面积不应小于消防车道地面面积的25%，相邻开口边缘的水平距离不应大于60 m，且需均匀布置。当消防车道上方顶板开口与消防车道错位时，消防车道开孔中心与消防车道的距离不应大于盖下该区域层高的2.8倍。

注：消防车道上方顶板开口尽量不要与消防车道错位，实质上影响安全区域的判定范围。

3. 安全疏散

（1）地下停车场的疏散通道和安全出口应独立设置，不得借用地上建筑的出入口以及两者间的连通口作为安全出口。

（2）当地下单体建筑外部区域距离消防车道顶部开口距离不大于板下净高的2.8倍时，可将通往该区域的甲级防火门作为建筑单体的安全出口。

（3）地下单体建筑（大库除外）每个防火分区的安全出口不应少于2个。当平面上有2个或2个以上的防火分区相邻布置，可以借用相邻防火分区作为安全出口，但至少应设置1个直通地面或者单体建筑外安全区域的安全出口。

地下停车库、列检库、停车列检库、运用库按照《地铁设计防火标准》（GB 51298—2018）执行。

（4）消防车道范围内至少应设置2个直达地面的疏散楼梯间作为安全出口，且楼梯间入口之间的走行距离不应大于250 m。

消防车道上设置疏散楼梯确有困难时可与相邻用房共用疏散楼梯，但需分别设置独立前室。

（5）地下停车库、列检库、停车列检库、运用库室内最远一点至最近安全出口的疏散距离不应大于 60 m。其他建筑室内的疏散距离应符合《建筑设计防火规范》（GB 50016—2014）的要求。

（6）运用库内股道之间根据工艺要求需要设置围蔽时，围蔽设施上应增设人员疏散用平开门。

4. 防烟与排烟

（1）应结合上部开发设计方案，确定合理的防排烟形式，优先采用自然通风及排烟，同一区域仅可采用一种排烟方式。

（2）地下建筑空间紧张，如计算排烟量较大，造成设备及管线布置困难的情况，可采用多套排烟系统共同负担同一区域的方式减小设备规格容量及管线尺寸。

（3）烟气须经竖井、天窗等直接排至室外，不可排至库外定义为室外安全区域的地下消防车道。

（4）设计清晰高度满足最小清晰高度的前提下，应大于对应区域内各类门洞高度。

（5）直通地面疏散楼梯间如需设置加压送风系统，机房应设置于地面，便于引入室外新风。

（6）咽喉区与出入段线交界处应采取措施避免正线地下出入段线烟气影响基地。

（7）可供消防车通行的道路宜采用自然排烟，当无法满足自然排烟条件时，应采用机械排烟系统，该段消防车道的计算排烟量应按照《建筑防烟排烟系统技术标准》（GB 51251—2017）执行。

5. 水消防系统

（1）地下单体功能区域内设置室内消火栓系统，沿消防车道设置室外消火栓。地下停车场咽喉区宜设置消火栓系统。

（2）地下单体功能区域内设置自动喷水灭火系统，自动喷水灭火系统设计时要严格按照室内净空高度选择合适的喷水强度和喷头。

（3）地下停车场应尽量减少利用水幕作为防火分隔的措施，若必须采用时，应尽量减少分隔距离。

（4）各水消防系统水泵结合器的位置应选择在地面消防车可使用的地方。

（5）对于消防泵房、报警阀室的位置要做好规划，减少大管径管线的敷设长度和对建筑空间的影响。

4.1.3　其他建议

部分工程实施过程中，会存在"如果改变了设定的功能空间用途，如何保障安全的质疑，进而要求提升设计标准"的情况。这种设定，极大干扰了对于消防设计方案安全性的合理判定。

消防设计的安全性不可能只依赖于设计，须辅以严格的管理措施。

1. 建筑内的消防设施在火灾时有效启动是人员能够安全疏散的重要保证，平时应定期对其进行检测与维护。

2. 不应擅自改变建筑内的使用功能，严禁将原使用功能改变为火灾危险性更高的其他功能。

3. 对于人员的安全生产管理必须到位。

如果项目投入使用后不能保证设计时设定的场景条件，那按设计设置的消防措施对于消防安全的保障性也就无从谈起。在这种情况下，应重新设定场景条件。从另一方面来看，如果辅助常规性的管理手段可以实现所设定的场景要求，也不应该以提高设计标准、增加投资的代价分化管理要求。

在保证安全的前提下，进一步提升消防设计的合理性则更需要结合应用场景环境特点，提高设计方案与应急管理方案的契合性。建议重点关注以下两项：

1. 清客列车火灾工况下，宜在靠近出入段线与咽喉区交界的范围内停靠。

注：清客后的列车如在出入段线起火，为利于司乘人员逃生，停靠地点可以适当靠近基地，但不应驶至地下车库且应尽量远离地下各单体建筑，以避免更大的财产损失。

2. 驶入地下停车场的机动车应即停即离。

注：为确保建筑单体之外空间的安全性，地下开敞空间内不允许临时停放机动车或者电动自行车等，多辆排列停靠的情况更要严格禁止。功能上确需在地下空间停放的，必须与其他区域进行防火分隔。

4.2　展望

福新停车场采用的防火设计方案可行，工程已顺利通过消防验收，本书以其设计实践为基础，系统总结了相关的消防设计经验。各地地标也基本是在归纳既有工程的实践中形成。无论是结合新技术的发展还是工程经验与相关研究成果的积累，地下停车场的防火设计方案的合理性依然处于不断提升之中。

4.2.1　防火及救援方案优化

按现行国标规定，设置自动灭火系统的地下大库防火分区面积可以不限。

这种防火分隔方案存在几个问题，一是一旦出现设施故障扑救不及，在初步扩散期控制难度较大，一辆着火车辆会相继引燃附近车辆。二是水幕分隔面积过大，福新停车场设计需要采用防火水幕的计算宽度达 104 m，实施防火水幕总宽度 131 m。需要设置超大容量的消防水池，还需要考虑地下大量瞬时容水的次生影响。超大规模的防火分区面积也一定会出现需要控制疏散距离的问题。

关于疏散距离问题，《地铁设计防火标准》（GB 51298—2018）在条文说明里给出了建议方案：连通列车下的检修坑，解决列车阻隔走行的问题，此连通道至地下消防车道，视为到达安全区。此方案不具备通用性，先不讨论地下连通道设计标准问题，如果跨区宽度超过了 120 m，依然需要考虑其他方式。

后续工程宜在满足运用库功能的前提下，通过优化防火分区分隔方案，减少计算水幕宽度、改善疏散条件。

救援方案也值得深入探讨。既然设置了地下消防车道并采取措施满足其安全性的要求，消防救援就应充分利用消防车道，福新停车场另行设置了大量消防电梯，必要性值得商榷。此方案可以顺利实施得益于地上整体为开敞的城市公园，难以通用于上部进行开发建设的工程。广东省地方标准明确了消防车可直接到达并进行救援的地下单体建筑可不设置消防电梯，但是结合消防车道安全性的论证，是否适用于所有类型的功能空间尚有存疑。

对于地下消防车道，设置足够比例的自然通风口的被动措施依然被认为是更为可靠的保证疏散与救援安全的措施，但是实际实施过程中困难重重，尤其是上部进行高强度开发的情况。广东省的地方标准明确：当地下消防车道无法满足自然通风条件时，设置机械排烟设施也可以认为是满足要求。此项标准无疑对于排烟设备及火灾控制系统提出了极高的要求，在此不进行详细分析。鉴于顶部规律性开洞与上部开发用地需求存在不易调和的矛盾，不妨转换一种思路，部分地下消防救援路径可以结合地上道路系统统筹考虑，减少地下尤其是场地中心区域消防车道的设置范围，对于救援场地，地上的安全性毕竟高于地下（无论采取多少加强措施）。

4.2.2　新型水消防技术的应用

消防车道与库前分隔当前采用消防水幕方案，用水量大，消防水池规模较大。后续考虑用高压细水雾代替水幕的可行性分析，细水雾雾幕具有用水量少、电绝缘性良好、水渍污染小等特点，可避免传统水幕系统液滴分布不均匀、雾化性能差、水幕厚度不均匀的缺点。近年来，部分学者在隔热有效性和挡烟有效性上对细水雾雾幕系统的防火分隔效果进行了研究，广州、北京地区地下停车场也有采用细水雾替代水幕作为防火分隔的实践，合肥南站地下停车场落客区采用细水雾作为防火分隔，均取得了较好的效果。细水雾雾幕作为一种新型防火分隔技术，在挡烟、隔热和控制火灾蔓延上均可达到消防目的，并且用水量较水幕系统有极大降低，在减少消防水池占地、减少水质维护方面有很大优势。利用细水雾作为地下空间的防火分隔有较好的应用前景，但仍需要在设计标准方面做进一步工作，以取得国家或行业的普遍认可。

参考文献

[1] 宋敏华. 我国城市轨道交通发展回顾与思考.[J]. 城市轨道交通究,2018,21(5):8-11.

[2] 城市轨道交通2023年度统计和分析报告[R]. 北京:中国城市轨道交通协会. 2024.

[3] 黄本良. 地铁停车场地下综合体设计研究.[J]. 工程建设与设计,2016,2:94-98.

[4] 施仲衡. 地下铁道设计与施工[M]. 陕西:陕西科学技术出版社,1995:25.

[5] 佚名. 从"高层建筑世纪"到"地下空间世纪".[J]. 安装,2015,9:7转22.

[6] 中华人民共和国住房和城乡建设部. 地铁设计防火标准:GB 51298—2018[S]. 北京:中国计划出版社,2018.

[7] 中华人民共和国住房和城乡建设部. 建筑设计防火规范(2018年版):GB 50016—2014[S]. 北京:中国计划出版社,2018.

[8] Building of an underground metro depot[EB/OL].[2024-9-10] https://citblaton.be/en/projects/depot-metro-stib-anderlecht/

[9] Norsborg Metro Depot[EB/OL].[2024-9-10] https://swedenunderground.com/tunnel/norsborg-metro-depot/

[10] 金泉仓库[EB/OL].[2024-9-10] https://zh-cn.tylin.com/work/projects/kim-chuan-depot/

[11] 李昱. 国内首个地下地铁停车场消防设计[J]. 都市快轨交通,2013,26(2):112-115.

[12] 四川法斯特消防安全性能评估有限公司. 青岛地铁13号线灵山卫停车场消防安全性能评估报告[R]. 青岛:2016.

[13] 刘永祥. 城市轨道交通地下停车场消防设计探索与实践[J]. 铁路技术创新,2019(5):14-17.

[14] 北京城建设计发展集团股份有限公司. 厦门市轨道交通3号线五缘湾停车场消防设计文件[R]. 厦门:2017.

[15] 姚俊,黄辉辉,夏能辉,等. 填海区复杂地质地铁超大地下停车场盖下开挖施工技术[J]. 建筑施工,2022,44(5):923-926.

[16] 中国铁路设计集团有限公司. 杭州9号线四堡停车场消防设计方案汇报文件[R]. 杭州:2022.

[17] Field Operations. 深圳市中心公园方案及推进工作汇报[R]. 深圳:2020.

[18] 国家消防工程技术研究中心. 深圳市城市轨道交通14号线福新停车场工程防火设计优

化研究报告[R]. 深圳:2020.

[19] 深圳新闻网. 假期就来亲近自然吧！深圳中心公园示范段今日正式开放. [EB/OL]. (2023-12-30) [2024-9-10] https://baijiahao. baidu. com/s? id = 1786752227825312204&wfr = spider&for = pc.

[20] 南方都市报. 上新！深圳中心公园生态修复与功能完善一期工程示范段开放. [EB/OL]. (2023-12-31) [2024-9-10] https://baijiahao. baidu. com/s? id = 1786779371256257673&wfr = spider&for = pc.

[21] 中华人民共和国住房和城乡建设部. 建筑防火通用规范:GB 55037—2022 [S]. 北京:中国计划出版社.2022.

[22] 上海市住房和城乡建设管理委员会. 城市轨道交通上盖建筑设计标准:DG/T J08—2263—2018[S]. 上海:同济大学出版社.2018.

[23] 北京市规划和自然资源委员会. 城市轨道交通车辆基地上盖综合利用工程设计防火标准:DB11/1762—2020. [S]. 北京:中国建筑科学研究院有限公司.2020.

[24] 四川省住房和城乡建设厅. 成都轨道交通设计防火标准:DBJ51/T 163—2021. [S]. 上海:上海市隧道工程轨道交通设计研究院.2021.

[25] 西安市住房和城乡建设管理局. 轨道交通上盖车辆基地消防设计技术指南:DB 6101/T 3102—2021. [S]. 西安:西安市轨道交通集团有限公司.2021.

[26] 江苏省住房和城乡建设厅. 城市轨道交通车辆基地上盖综合利用防火设计标准:DB32/T 4170—2021. [S]. 2021.

[27] 广东省住房和城乡建设厅. 轨道交通及枢纽防火设计标准:DBJ/T 15—249[S]. 北京:中国城市出版社.2023.